建筑施工特种作业人员安全技术考核培训教材

高处作业吊篮安装拆卸工

住房和城乡建设部工程质量安全监管司　组织编写

中国建筑工业出版社

图书在版编目（CIP）数据

高处作业吊篮安装拆卸工/住房和城乡建设部工程质量安全监管司组织编写. —北京：中国建筑工业出版社，2010

建筑施工特种作业人员安全技术考核培训教材

ISBN 978-7-112-11699-7

Ⅰ. 高… Ⅱ. 住… Ⅲ. 高空作业-安全技术-技术培训-教材 Ⅳ. TU744

中国版本图书馆 CIP 数据核字（2009）第 243051 号

建筑施工特种作业人员安全技术考核培训教材

高处作业吊篮安装拆卸工

住房和城乡建设部工程质量安全监管司 组织编写

*

中国建筑工业出版社出版、发行（北京西郊百万庄）

各地新华书店、建筑书店经销

北京红光制版公司制版

北京圣夫亚美印刷有限公司印刷

*

开本：850×1168 毫米 1/32 印张：5⅝ 字数：162 千字

2010 年 2 月第一版 2017 年 10 月第四次印刷

定价：**15.00** 元

ISBN 978-7-112-11699-7

（18953）

本书作为针对建筑施工特种作业人员之一高处作业吊篮安装拆卸工的培训教材，紧紧围绕《建筑施工特种作业人员管理规定》、《建筑施工特种作业人员安全技术考核大纲（试行）》、《建筑施工特种作业人员安全操作技能考核标准（试行）》等相关规定，对高处作业吊篮安装拆卸工必须掌握的安全技术知识和技能进行了讲解，全书共6章，包括：基础理论知识，高处作业吊篮概述，高处作业吊篮构造及工作原理，高处作业吊篮的安装与拆卸，高处作业吊篮的使用与维修保养，高处作业吊篮的常见故障与事故案例。本书针对高处作业吊篮安装拆卸工的特点，本着科学、实用、适用的原则，内容深入浅出，语言通俗易懂，形式图文并茂，系统性、权威性、可操作性强。

本书既可作为高处作业吊篮安装拆卸工的培训教材，也可作为高处作业吊篮安装拆卸工常备参考书和自学用书。

* * *

责任编辑：刘　江　范业庶

责任设计：赵明霞

责任校对：张　倩　陈晶晶

《建筑施工特种作业人员安全技术考核培训教材》编写委员会

主　任：吴慧娟

副主任：王树平

编写组成员：（以姓氏笔画排名）

王　乔　王　岷　王　宪　王天祥　王曰浩
王英姿　王钟玉　王维佳　邓　谦　邓丽华
白森懋　包世洪　邢桂侠　朱万康　刘　锦
庄幼敏　汤坤林　孙文力　孙锦强　毕承明
毕监航　严　训　李　印　李光晨　李建国
李绘新　杨　勇　杨友根　吴玉峰　吴成华
邱志青　余大伟　邹积军　汪洪星　宋回波
张英明　张嘉洁　陈兆铭　邵长利　周克家
胡其勇　施仁华　施雯钰　姜玉东　贾国瑜
高　明　高士兴　高新武　唐涵义　崔　林
崔玲玉　程　舒　程史扬

前　言

建筑施工特种作业人员是指在房屋建筑和市政工程施工活动中，从事可能对本人、他人及周围设备设施的安全造成重大危害作业的人员。《建设工程安全生产管理条例》第二十五条规定："垂直运输机械作业人员、安装拆卸工、爆破作业人员、起重信号工、登高架设作业人员等特种作业人员，必须按照国家有关规定经过专门的安全作业培训，并取得特种作业操作资格证书后，方可上岗作业"，《安全生产许可证条例》第六条规定："特种作业人员经有关业务主管部门考核合格，取得特种作业操作资格证书"。

当前，建筑施工特种作业人员的培训考核工作还缺乏一套具有权威性、针对性和实用性的教材。为此，根据住房城乡建设部颁布的《建筑施工特种作业人员管理规定》和《建筑施工特种作业人员安全技术考核大纲（试行）》、《建筑施工特种作业人员安全操作技能考核标准（试行）》的有关要求，我们组织编写了《建筑施工特种作业人员安全技术考核培训教材》系列丛书，旨在进一步规范建筑施工特种作业人员安全技术培训考核工作，帮助广大建筑施工特种作业人员更好地理解和掌握建筑安全技术理论和实际操作安全技能，全面提高建筑施工特种作业人员的知识水平和实际操作能力。

本套丛书共12册，适用于建筑电工、建筑架子工、建筑起重司索信号工、建筑起重机械司机、建筑起重机械安装拆卸工和高处作业吊篮安装拆卸工等建筑施工特种作业人员安全技术考核培训。本套丛书针对建筑施工特种作业人员的特点，本着科学、实用、适用的原则，内容深入浅出，语言通俗易懂，形式图文并茂，可操作性强。

本教材的编写得到了山东省建筑工程管理局、上海市城乡建设和交通委员会、山东省建筑施工安全监督站、青岛市建筑施工安全监督站、潍坊市建筑工程管理局、滨州市建筑工程管理局、济南市工程质量与安全生产监督站、山东省建筑安全与设备管理协会、上海市建设安全协会、山东建筑科学研究院、上海市建工设计研究院有限公司、上海市建设机械检测中心、威海建设集团股份有限公司、上海市建工（集团）总公司、上海市机施教育培训中心、潍坊昌大建设集团有限公司、山东天元建设集团有限公司等单位的大力支持，在此表示感谢。

由于编写时间较为紧张，难免存在错误和不足之处，希望给予批评指正。

住房和城乡建设部工程质量安全监管司

二〇〇九年十一月

目　　录

1 基础理论知识

1.1 力学基本知识

1.1.1 力的基本概念

(1) 力的概念

力是一个物体对另一个物体的作用，它包括了两个物体，一个叫受力物体，另一个叫施力物体，其效果是使物体的运动状态或形状发生变化。

力使物体运动状态发生变化的效应称为力的外效应，使物体产生变形的效应称为力的内效应。力是物体间的相互机械作用，力不能脱离物体而独立存在。

(2) 力的三要素

在力学中，把“力的大小、方向和作用点”称为力的三个要素。力的大小表明物体间作用力的强弱程度；力的方向表明在该力的作用下，静止的物体开始运动的方向，作用力的方向不同，物体运动的方向也不同；力的作用点是物体上直接受力作用的点。

如图 1-1 所示，用手拉伸弹簧，用的力越大，弹簧拉得越长，这表明力产生的效果跟力的大小有关系；用同样大小的力拉弹簧和压弹簧，拉的时候弹簧伸长、压的时候弹簧缩短，说明力的作用效果跟力的作用方向有关系。如图 1-2 所示，用扳手拧螺母，手握在扳手手柄的 A 点比 B 点省力，所以力的作用效果与力的方向和力的作用点有关。三要素中任何一个要素改变，都会使力的作用效果改变。

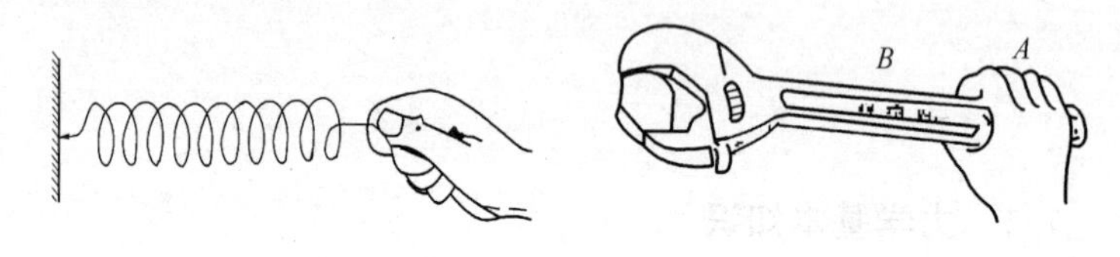

图 1-1　手拉弹簧　　　　图 1-2　用扳手拧螺母

（3）力的单位

在国际计量单位制中，力的单位用牛顿或千牛顿，简写为牛（N）或千牛（kN）。工程上曾习惯采用公斤力、千克力（kgf）和吨力（tf）来表示。它们之间的换算关系为：

1 牛顿（N）＝0.102 公斤力（kgf）

1 吨力（tf）＝1000 公斤力（kgf）

1 千克力（kgf）＝1 公斤力（kgf）＝9.807 牛（N）≈10 牛（N）

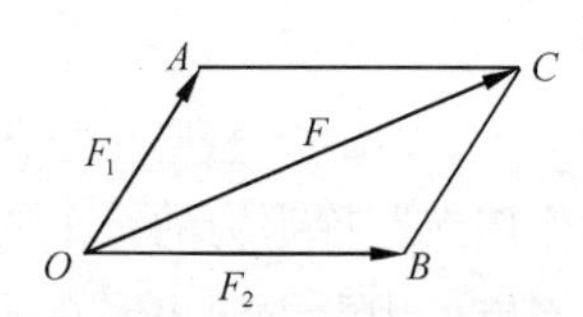

图 1-3　平行四边形法则

（4）力的合成与分解

力是矢量，力的合成与分解都遵从平行四边形法则，如图 1-3 所示。

平行四边形法则实质上是一种等效替换的方法。一个矢量（合矢量）的作用效果和另外几个矢量（分矢量）共同作用的效果相同，就可以用这一个矢量代替那几个矢量，也可以用那几个矢量代替这一个矢量，而不改变原来的作用效果。

在分析同一个问题时，合矢量和分矢量不能同时使用。也就是说，在分析问题时，考虑了合矢量就不能再考虑分矢量；考虑了分矢量就不能再考虑合矢量。

（5）力的平衡

作用在物体上几个力的合力为零，这种情形叫做力的平衡。

在起重吊装作业中，因力的不平衡可能造成被吊运物体的翻转、失控、倾覆，只有被吊运物体上的力保持平衡，才能保证物体处于静止或匀速运动状态，才能保持被吊物体稳定。

1.1.2 重心和吊点位置的选择

（1）重心

重心是物体所受重力的合力的作用点，物体的重心位置由物体的几何形状和物体各部分的质量分布情况决定。质量分布均匀、形状规则的物体的重心在其几何中点。物体的重心可能在物体的形体之内，也可能在物体的形体之外。

1）物体的形状改变，其重心位置可能不变。如一个质量分布均匀的立方体，其重心位于几何中心。当该立方体变为一长方体后，其重心仍然在其几何中心；当一杯水倒入一个弯曲的玻璃管中，其重心就发生了变化。

2）物体的重心相对物体的位置是一定的，它不会随物体放置的位置改变而改变。

（2）重心的确定

1）材质均匀、形状规则的物体的重心位置容易确定，如均匀的直棒，它的重心在它的中心点上；均匀球体的重心就是它的球心，直圆柱的重心在它的圆柱轴线的中点上。

2）对形状复杂的物体，可以用悬挂法求出它们的重心。如图 1-4 所示，方法是在物体上任意找一点 A，用绳子把它悬挂起来，物体的重力和悬索的拉力必定在同一条直线上，也就是重心必定在通过 A 点所作的竖直线 AD 上；再取任一点 B，同样把

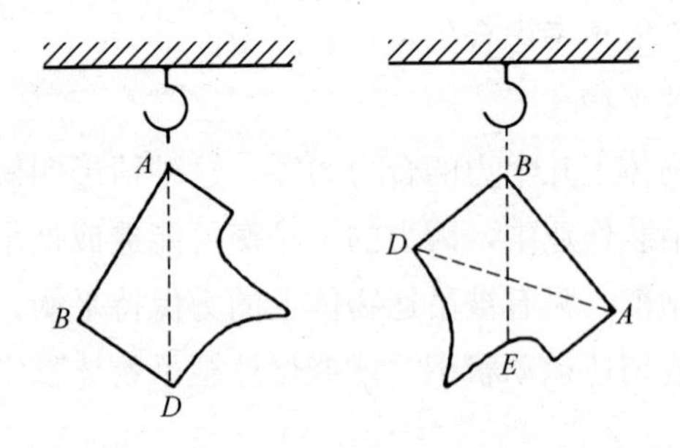

图 1-4　悬挂法求形状不规则物体的重心

物体悬挂起来，重心必定在通过 B 点的竖直线 BE。这两条直线的交点，就是该物体的重心。

（3）吊点位置的选择

在起重作业中，应当根据被吊物体来选择吊点位置，吊点位置选择不当就会造成绳索受力不均，甚至发生被吊物体转动、倾翻的危险。吊点位置的选择，一般按下列原则进行：

1）吊运各种设备、构件时要用原设计的吊耳或吊环。

2）吊运各种设备、构件，如果没有吊耳或吊环，可在设备四个端点上捆绑吊索，然后根据设备具体情况，选择吊点，使吊点与重心在同一条垂线上。但有些设备未设吊耳或吊环，如各种罐类以及重要设备，往往有吊点标记，应仔细检查。

3）吊运方形物体时，四根绳应拴在物体的四边对称点上。

4）吊装细长物体时，如桩、钢筋、钢柱、钢梁杆件，应按计算确定的吊点位置绑扎绳索，吊点位置的确定有以下几种情况：

①一个吊点：起吊点位置应设在距起吊端 0.3L（L 为物体的长度）处。如钢管长度为 10m，则捆绑位置应设在钢管起吊点距端部 10×0.3＝3m 处，如图 1-5（a）所示。

②两个吊点：如起吊用两个吊点，则两个吊点应分别距物体两端 0.21L 处。如果物体长度为 10m，则吊点位置为 10×0.21＝2.1m，如图 1-5（b）所示。

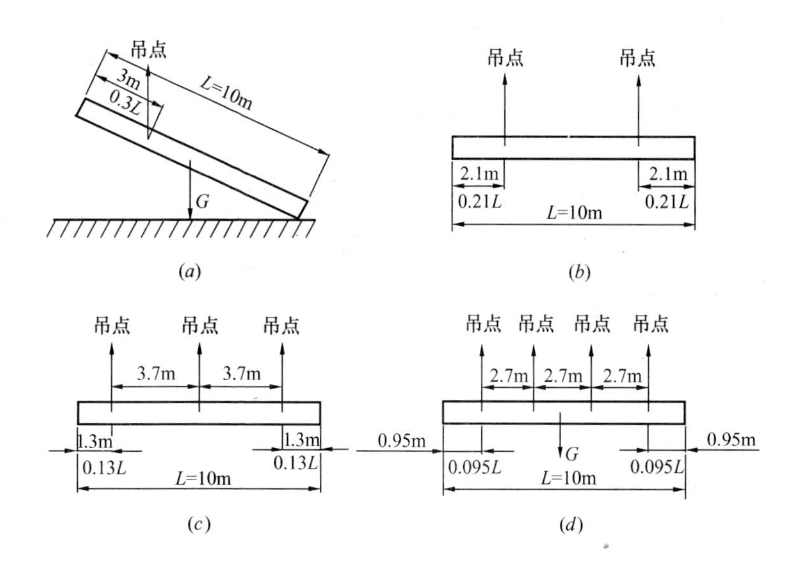

图 1-5　吊点位置选择示意图

(*a*) 单个吊点；(*b*) 两个吊点；(*c*) 三个吊点；(*d*) 四个吊点

③三个吊点：如物体较长，为减少起吊时物体所产生的应力，可采用三个吊点。三个吊点位置确定的方法是，首先用 0.13*L* 确定出两端的两个吊点位置，然后把两吊点间的距离等分，即得第三个吊点的位置，也就是中间吊点的位置。如杆件长 10m，则两端吊点位置为 10×0.13＝1.3m，如图 1-5（*c*）所示。

④四个吊点：选择四个吊点，首先用 0.095*L* 确定出两端的两个吊点位置，然后再把两吊点间的距离进行三等分，即得中间两吊点位置。如杆件长 10m，则两端吊点位置分别距两端 10×0.095＝0.95m，中间两吊点位置分别距两端 10×0.095＋10×(1－0.095×2) /3，如图 1-5（*d*）所示。

1.1.3　物体重量的计算

质量表示物体所含物质的多少，是由物体的体积和材料密度所决定的；重量是表示物体所受地球引力的大小，是由物体的体积和材料的容重所决定的。物体的质量与重量的值近似相等，因此，在日常生活中，也习惯用质量的多少代替重量的大小。为了正确地计算物体的重量，必须掌握物体体积的计算方法和各种材料密度等有关知识。

(1) 长度的量度

工程上常用的长度基本单位是毫米（mm）、厘米（cm）和米（m）。它们之间的换算关系是 1m=100cm=1000mm。

(2) 面积的计算

物体体积的大小与它本身截面积的大小成正比。各种规则几何图形的面积计算公式见表 1-1。

平面几何图形面积计算公式表　　表 1-1

名称	图形	面积计算公式
正方形	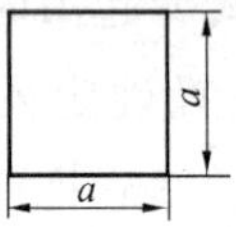 a; a	$S=a^2$
长方形	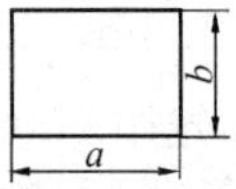 b; a	$S=ab$
平行四边形	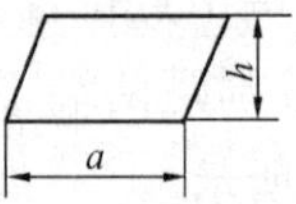 h; a	$S=ah$
三角形	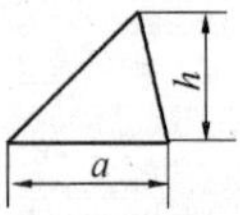 h; a	$S=\frac{1}{2}ah$

续表

名称	图形	面积计算公式
梯　形		$S=\frac{(a+b)h}{2}$
圆　形		$S=\frac{\pi}{4}d^2$（或 $S=\pi R^2$） 式中　d——圆直径； R——圆半径
圆环形		$S=\frac{\pi}{4}(D^2-d^2)=\pi(R^2-r^2)$ 式中　d、D——分别为内、外圆环直径； r、R——分别为内、外圆环半径
扇　形		$S=\frac{\pi R^2\alpha}{360}$ 式中　α——圆心角（°）

（3）物体体积的计算

对于简单规则的几何形体的体积，可按表 1-2 中的计算公式计算。对于复杂的物体体积，可将其分解成数个规则的或近似规则的几何形体，求其体积的总和。

各种几何形体体积计算公式表　　表 1-2

名称	图　形	公　式
立方体		$V=a^3$

续表

名称	图形	公式
长方体		$V=abc$
圆柱体		$V=\frac{\pi}{4}\pi d^2 h=\pi R^2 h$ 式中　R——半径； h——圆柱体长
空心圆柱体		$V=\frac{\pi}{4}(D^2-d^2)h=\pi(R^2-r^2)h$ 式中　r、R——内、外半径； h——高
斜截正圆柱体		$V=\frac{\pi}{4}d^2\frac{(h_1+h)}{2}=\pi R^2\frac{(h_1+h)}{2}$ 式中　R——半径； h_1、h——截体长短边高
球　体		$V=\frac{4}{3}\pi R^3=\frac{1}{6}\pi d^3$ 式中　R——底圆半径； d——底圆直径
圆锥体		$V=\frac{1}{12}\pi d^2 h=\frac{\pi}{3}R^2 h$ 式中　R——底圆半径； d——底圆直径

续表

名称	图　　形	公　　式
任意三棱体		$V=\frac{1}{2}bhl$ 式中　b——边长； h——高； l——三棱体长
截头方锥体		$V=\frac{h}{6}\times[(2a+a_1)b+(2a_1+a)b_1]$ 式中　a、a_1——上下边长； b、b_1——上下边宽； h——高
正六角棱柱体		$V=\frac{3\sqrt{3}}{2}b^2h$ $V=2.598b^2h=2.6b^2h$ 式中　b——底边长； h——高

（4）物体重量（质量）的计算

在物理学中，把某种物质单位体积的质量叫做这种物质的密度，其单位是 kg/m^3。各种常见物质的密度见表 1-3。

各种常见物质的密度表　　　　**表 1-3**

物体材料	密度（$\times10^3 kg/m^3$）	物体材料	密度（$\times10^3 kg/m^3$）
水	1.0	混凝土	2.4
钢	7.85	碎　石	1.6
铸铁	7.2～7.5	水　泥	0.9～1.6
铸铜、镍	8.6～8.9	砖	1.4～2.0
铝	2.7	煤	0.6～0.8
铅	11.34	焦　炭	0.35～0.53
铁矿	1.5～2.5	石灰石	1.2～1.5
木材	0.5～0.7	造型砂	0.8～1.3

物体的重量（质量）可根据下式计算：

物体的重量≈物体的质量＝物体的密度×物体的体积，其表达式为式（1-1）：

$$m = \rho V \tag{1-1}$$

式中 m——物体的质量（kg）；

ρ——物体的材料密度（kg/m^3）；

V——物体的体积（m^3）。

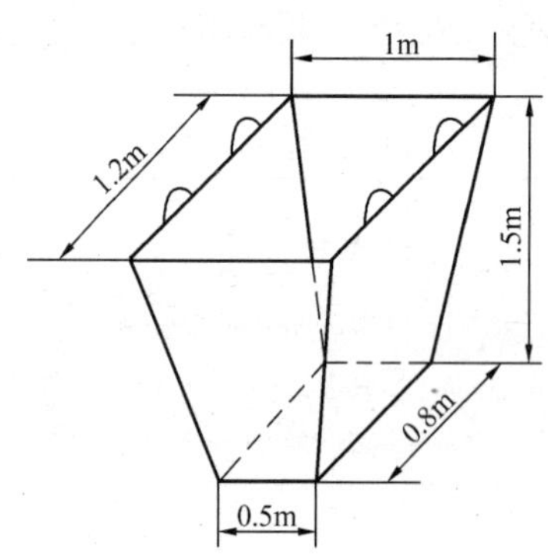

图 1-6 起重机的料斗

【例 1-1】 起重机的料斗如图 1-6 所示，它的上口长为 1.2m，宽为 1m，下底面长 0.8m，宽为 0.5m，高为 1.5m。试计算满斗混凝土的重量。

【解】：查表 1-3，得知混凝土的密度：

$$\rho = 2.4 \times 10^3 kg/m^3$$

料斗的体积：

$$V = \frac{h}{6}[(2a + a_1)b + (2a_1 + a)b_1]$$

$$= \frac{1.5}{6}[(2 \times 1.2 + 0.8) \times 1 + (2 \times 0.8 + 1.2) \times 0.5]$$

$$= 1.15m^3$$

混凝土的质量：$m = \rho V = 2.4 \times 10^3 \times 1.15 = 2.76 \times 10^3 kg$

混凝土的重量：$G \approx m = 2.76 \times 10^3 kg = 27.6 \times 10^3 kN$

1.2 电工学基本知识

1.2.1 基本概念

(1) 电流、电压和电阻

1) 电流

在电路中电荷有规则的运动称为电流。

电流不但有方向，而且有大小。大小和方向都不随时间变化的电流，称为直流电，用字母“DC”或符号“—”表示；大小和方向随时间变化的电流，称为交流电，用字母“AC”或符号“～”表示。

电流的大小称为电流强度，简称电流。电流强度的定义公式见式（1-2）：

$$I = \frac{Q}{t} \tag{1-2}$$

式中 I——电流强度（A）；

Q——通过导体某截面的电荷量（C）；

t——电荷通过时间（s）。

电流（即电流强度）的基本单位是安培，简称安，用字母 A 表示，电流常用的单位还有 kA、mA、μA，换算关系为：

$$1\text{kA}=10^{3}\text{A}$$

$$1\text{mA}=10^{-3}\text{A}$$

$$1\mu\text{A}=10^{-6}\text{A}$$

测量电流强度的仪表叫电流表，又称安培表，分直流电流表和交流电流表两类。测量时，必须将电流表串联在被测的电路中。每一个安培表都有一定的测量范围，所以在使用安培表时，应该先估算一下电流的大小，选择量程合适的电流表。

2）电压

电路中要有电流，必须要有电位差，有了电位差电流才能从电路中的高电位点流向低电位点。

电压是指电路中任意两点之间的电位差。电压的基本单位是伏特，简称伏，用字母 V 表示，常用的单位还有千伏（kV）、毫伏（mV）等，换算关系为：

$$1\text{kV}=10^{3}\text{V}$$

$$1\text{mV}=10^{-3}\text{V}$$

测量电压大小的仪表叫电压表，又称伏特表，分直流电压表和交流电压表两类。测量时，必须将电压表并联在被测量电路中，每个伏特表都有一定的测量范围（即量程）。使用时，必须注意所测的电压不得超过伏特表的量程。

电压按等级划分为高压、低压与安全电压。

高压：指电气设备对地电压在 250V 以上；

低压：指电气设备对地电压为 250V 以下；

安全电压有五个等级：42V、36V、24V、12V、6V。

3）电阻

导体对电流的阻碍作用称为电阻，导体电阻是导体中客观存在的。在温度不变时导体的电阻跟它的长度成正比，跟它的横截面积成反比。上述关系见式（1-3）：

$$R=\rho\frac{L}{S} \tag{1-3}$$

式中 R——导体的电阻（Ω）；

ρ——导体的电阻率（Ω·m）；

L——导体的长度（m）；

S——导体的横截面积（mm^2）。

式（1-3）中ρ是由导体的材料决定的，称为导体的电阻率。电阻的常用单位有欧（Ω）、千欧（kΩ）、兆欧（MΩ）。

他们的换算关系是：

$$1k\Omega = 10^3\Omega$$

$$1M\Omega = 10^3 k\Omega = 10^6\Omega$$

（2）电路

1）电路的组成

电路就是电流流通的路径，如日常生活中的照明电路，电动机电路等。电路一般由电源、负载、导线和控制器件四个基本部分组成，如图1-7所示。

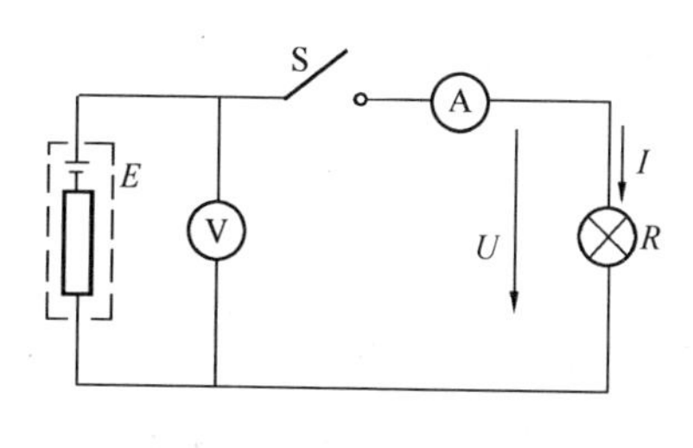

图1-7　电路示意图

①电源：将其他形式的能量转换为电能的装置，在电路中，电源产生电能，并维持电路中的电流。

②负载：将电能转换为其他形式能量的装置。

③导线：连接电源和负载的导体，为电流提供通道并传输电能。

④控制器件：在电路中起接通、断开、保护、测量等作用的装置。

2）电路的类别

按照负载的连接方式，电路可分为串联电路和并联电路。电路中电流依次通过每一个组成元件的电路称为串联电路；所有负载（电源）的输入端和输出端分别被连接在一起的电路，称为并联电路。

按照电流的性质，分为交流电路和直流电路。电压和电流的大小及方向随时间变化的电路，叫交流电路；电压和电流的大小及方向不随时间变化的电路，叫直流电路。

3）电路的状态

①通路：当电路的开关闭合，负载中有电流通过时称为通路，电路正常工作状态为通路。

②开路：即断路，指电路中开关打开或电路中某处断开时的状态，开路时电路中无电流通过。

③短路：电源两端的导线因某种事故未经过负载而直接连通时称为短路。短路时负载中无电流通过，流过导线的电流比正常工作时大几十倍甚至数百倍，短时间内就会使导线产生大量的热量，造成导线熔断或过热而引发火灾，短路是一种事故状态，应避免发生。

（3）电功率和电能

1）电功率

在导体的两端加上电压，导体内就产了电流。电场力推动自由电子定向移动所做的功，通常称为电流所做的功或称为电功（W）。

电流在一段电路所做的功，与这段电路两端的电压 U、电路中的电流强度 I 和通电时间 t 成正比，见式（1-4）。

$$W = UIt \tag{1-4}$$

式中 W——电流在一段电路所作的功（J）；

U——电路两端的电压（V）；

I——电路中的电流强度（A）；

t——通电时间（s）。

单位时间内电流所做的功叫电功率，简称功率，用字母 P 表示，其单位为焦耳/秒（J/s），即瓦特，简称瓦（W）。功率的计算见式（1-5）：

$$P = \frac{W}{t} = \frac{UIt}{t} = UI = I^2R = \frac{U^2}{R} \tag{1-5}$$

式中　P——功率（W）；

W——电流在一段电路所做的功（J）；

U——电路两端的电压（V）；

I——电路中的电流强度（A）；

t——通电时间（s）。

常用的电功率单位还有 kW、MW 和马力 HP，换算关系为：

$$1\text{kW}=10^{3}\text{W}$$

$$1\text{MW}=10^{6}\text{W}$$

$$1\text{HP（马力）}=736\text{W}$$

2）电能

电路的主要任务是进行电能的传送、分配和转换。电能是指一段时间内电场所做的功，见式（1-6）：

$$W=Pt \tag{1-6}$$

式中　W——电能（kW·h）；

P——功率（W）；

t——通电的时间（s）。

电能的单位是千瓦·小时（kW·h），简称度。1 度=1kW·h。

测量电功的仪表是电能表，又称电度表，它可以计量用电设备或电器在某一段时间内所消耗的电能。测量电功率的仪表是功率表，它可以测量用电设备或电气设备在某一工作瞬间的电功率大小。功率表又可以分为有功功率表（kW）和无功功率表（kvar）。

（4）三相交流电

我国工业上普遍采用频率为 50Hz 的正弦交流电，在日常生活中，人们接触较多的是单向交流电，而实际工作中，人们接触更多的是三相交流电。

三个具有相同频率、相同振幅，但在相位上彼此相差 120°的正弦交流电，统称为三相交流电。三相交流电习惯上分为 A、

B、C三相。按国标规定，交流供电系统的电源A、B、C分别用L_1、L_2、L_3表示，其相色分别为黄色、绿色和红色。交流供电系统中电气设备接线端子的A、B、C相依次用U、V、W表示，如三相电动机三相绕组的首端和尾端分别为U_1和U_2、V_1和V_2、W_1和W_2。

1.2.2 三相异步电动机

电动机分为交流电动机和直流电动机两大类，交流电动机又分为异步电动机和同步电动机。异步电动机又可分为单相电动机和三相电动机。电扇、洗衣机、电冰箱、空调、排风扇、木工机械及小型电钻等使用的是单相异步电动机，建筑卷扬机一般都采用三相异步电动机。

(1) 三相异步电动机的结构

三相异步电动机也叫三相感应电动机，主要由定子和转子两个基本部分组成。转子又可分为鼠笼式和绕线式两种。

1) 定子

定子主要由定子铁芯、定子绕组、机座和端盖等组成。

①定子铁芯。

定子铁芯是异步电动机主磁通磁路的一部分，通常由导磁性能较好的0.35～0.5mm厚的硅钢片叠压而成。对于容量较大(10kW以上)的电动机，在硅钢片两面涂以绝缘漆，作为片间绝缘之用。

②定子绕组。

定子绕组是异步电动机的电路部分，由三相对称绕组按一定的空间角度依次嵌放在定子线槽内，其绕组有单层和双层两种基本形式，如图1-8所示。

③机座。

机座的作用主要是固定定子铁芯并支撑端盖和转子，中小型异步电动机一般都采用铸铁机座。

图 1-8　三相电动机的定子绕组

2）转子

转子部分由转子铁芯、转子绕组及转轴组成

①转子铁芯，也是电动机主磁通磁路的一部分，一般也由0.35～0.5mm厚的硅钢片叠成，并固定在转轴上。转子铁芯外圆侧均匀分布着线槽，用以浇铸或嵌放转子绕组。

②转子绕组，按其形式分为鼠笼式和绕线式两种。

小容量鼠笼式电动机一般采用在转子铁芯槽内浇铸铝笼条，两端的端环将笼条短接起来，并浇铸成冷却风扇叶状。图 1-9 所示为鼠笼式电动机的转子。

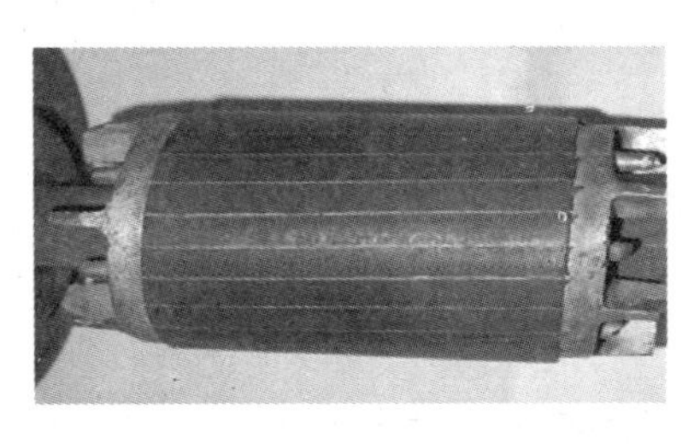
图 1-9　鼠笼式电动机的转子

绕线式电动机是在转子铁芯线槽内嵌放对称三相绕组，如图 1-10 所示。三相绕组的一端接成星形，另一端接在固定在转轴上的滑环（集电环）上，通过电刷与变阻器连接。图 1-11 所示为三相绕线式电动机的滑环结构。

③转轴，其主要作用是支撑转子和传递转矩。

（2）三相异步电动机的铭牌

图 1-10　绕线式电动机的转子绕组

电动机出厂时，在机座上都有一块铭牌，上面标有

图 1-11　三相绕线式电动机的滑环结构

该电动机的型号、规格和有关数据。

1）铭牌的标识

电机产品型号举例：Y-132S_2-2

其中　Y——表示异步电动机；

132——表示机座号，数据为轴心对底座平面的中心高（mm）；

S——表示短机座（S：短；M：中；L：长）；

$_2$——表示铁芯长度号；

2——表示电动机的极数。

2）技术参数

①额定功率：电动机的额定功率也称额定容量，表示电动机在额定工作状态下运行时，轴上能输出的机械功率，单位为 W 或 kW。

②额定电压：是指电动机额定运行时，外加于定子绕组上的线电压，单位为 V 或 kV。

③额定电流：是指电动机在额定电压和额定输出功率时，定子绕组的线电流，单位为 A。

④额定频率：额定频率是指电动机在额定运行时电源的频率，单位为 Hz。

⑤额定转速：额定转速是指电动机在额定运行时的转速，单位为 r/min。

⑥接线方法：表示电动机在额定电压下运行时，三相定子绕组的接线方式。目前电动机铭牌上给出的接法有两种，一种是额定电压为380V/220V，接法为Y/Δ；另一种是额定电压380V，接法为Δ。

⑦绝缘等级：电动机的绝缘等级，是指绕组所采用的绝缘材料的耐热等级，它表明电动机所允许的最高工作温度，见表1-4。

绝缘等级及允许最高工作温度　　表1-4

绝缘等级	Y	A	E	B	F	H	C
最高工作温度（°C）	90	105	120	130	155	180	>180

（3）三相异步电动机的运行与维护

1）电动机启动前检查

①电动机上和附近有无杂物和人员。

②电动机所拖动的机械设备是否完好。

③大型电动机轴承和启动装置中油位是否正常。

④绕线式电动机的电刷与滑环接触是否紧密。

⑤转动电动机转子或其所拖动的机械设备，检查电动机和拖动的设备转动是否正常。

2）电动机运行中的监视与维护

①电动机的温升及发热情况。

②电动机的运行负荷电流值。

③电源电压的变化。

④三相电压和三相电流的不平衡度。

⑤电动机的振动情况。

⑥电动机运行的声音和气味。

⑦电动机的周围环境、适用条件。

⑧电刷是否冒火或有其他异常现象。

1.2.3 低压电器

低压电器在供配电系统中广泛用于电路、电动机及变压器等电气装置上，起着开关、保护、调节和控制的作用，按其功能分，有开关电器、控制电器、保护电器、调节电器、主令电器、成套电器等，现主要介绍起重机械中常用的几种低压电器。

（1）主令电器

主令电器是一种能向外发送指令的电器，主要有按钮、行程开关、万能转换开关、接触开关等。利用它们可以实现人对控制电器的操作或实现控制电路的顺序控制。

1）控制按钮

按钮是一种靠外力操作接通或断开电路的电气元件，一般不能直接用来控制电气设备，只能发出指令，但可以实现远距离操作。图 1-12 所示为几种按钮的外形与结构。

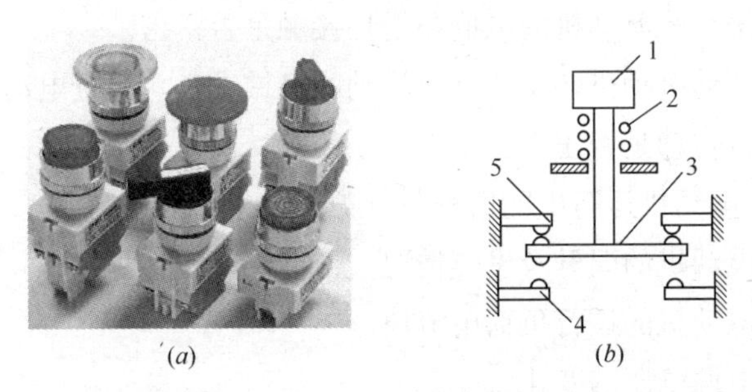

图 1-12　按钮的外形与结构

（a）视图；（b）示意图

1—按钮；2—弹簧；3—接触片；4、5—接触点

2）行程开关

行程开关又称限位开关或终点开关，是一种将机械信号转换

为电信号来控制运动部件行程的开关元件。它不用人工操作，而是利用机械设备某些部件的碰撞来完成的，以控制自身的运动方向或行程大小的主令电器，被广泛用于顺序控制器、运动方向、行程、零位、限位、安全及自动停止、自动往复等控制系统中。图 1-13 所示为几种常见的行程开关。

图 1-13 几种常见的行程开关

3）万能转换开关

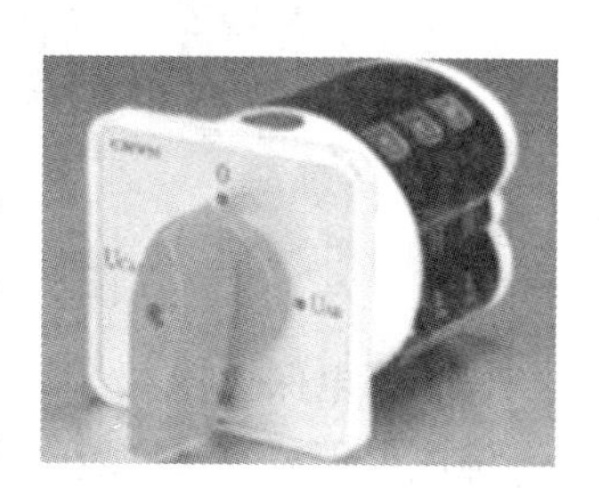

图 1-14 万能转换开关

万能转换开关是一种多对触头、多个挡位的转换开关。主要由操作手柄、转轴、动触头及带号码牌的触头盒等构成。常用的转换开关有 LW2、LW4、LW5-15D、LW15-10、LWX2 等，在 QT30 以下的塔式起重机一般使用 LW5 型转换开关。如图 1-14 所示，为一种万能转换开关。

4）主令控制器

主令控制器（又称主令开关）主要用于电气传动装置中，按一定顺序分合触头，达到发布命令或其他控制线路联锁转换的目的。其中塔式起重机的联动操作台就属于主令控制器，用来操作塔式起重机的回转、变幅、升降，如图 1-15 所示。

（2）空气断路器

图 1-15　塔式起重机的联动操作台

低压空气断路器又称自动空气开关或空气开关，属开关电器，是用于当电路中发生过载，短路和欠压等不正常情况时，能自动分断电路的电器，也可用作不频繁地启动电动机或接通、分断电路，有万能式断路器、塑壳式断路器、微型断路器等。图 1-16 所示为几种常见的断路器。

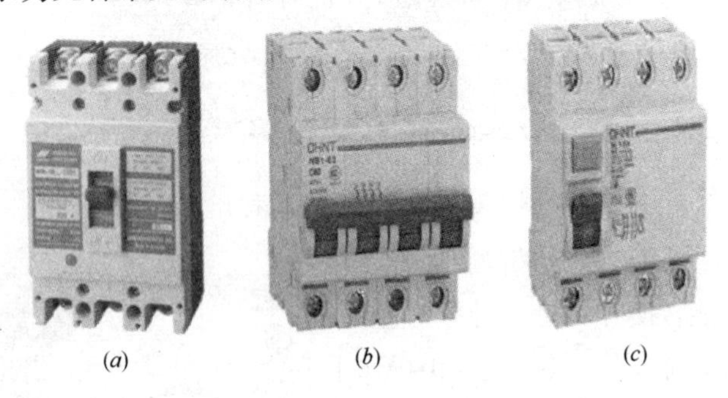

(*a*)　(*b*)　(*c*)

图 1-16　几种常见的断路器

（3）漏电保护器

漏电保护器，又称剩余电流动作保护器。主要用于保护人身因漏电发生电击伤亡，防止因电气设备或线路漏电引起电气火灾事故。

安装在负荷端电器电路的漏电保护器，是考虑到漏电电流通过人体的影响，用于防止人为触电的漏电保护器，其动作电流不得大于 30mA，动作时间不得大于 0.1s。应用于潮湿场所的电器设备，应选用动作电流不大于 15mA 的漏电保护器。

漏电保护器按结构和功能分为漏电开关、漏电断路器、漏电继电器、漏电保护插头、插座；漏电保护器按极数还可分为单极、二极、三极、四极等多种。

（4）接触器

接触器是利用自身线圈流过电流产生磁场，使触头闭合，以达到控制负载的电器。接触器用途广泛，是电力拖动和控制系统中应用最为广泛的一种电器，它可以频繁操作，远距离闭合、断开主电路和大容量控制电路，接触器可分为交流接触器和直流接触器两大类。

接触器主要由电磁系统、触头系统，灭弧装置等几部分组成。交流接触器的交流线圈的额定电压有 380V、220V 等，图 1-17 所示为几种常见的接触器。

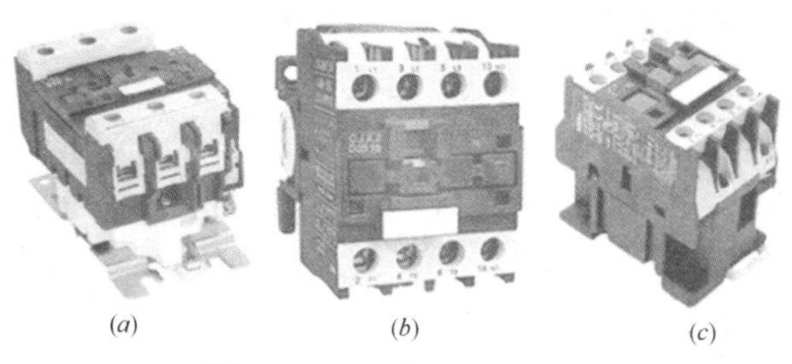

(a) (b) (c)

图 1-17　几种常见的接触器

（5）继电器

继电器是一种自动控制电器，在一定的输入参数下，它受输入端的影响而使输出参数有跳跃式的变化。常用的有中间继电器、热继电器、时间继电器、温度继电器等。图 1-18 所示为几种常见的继电器。

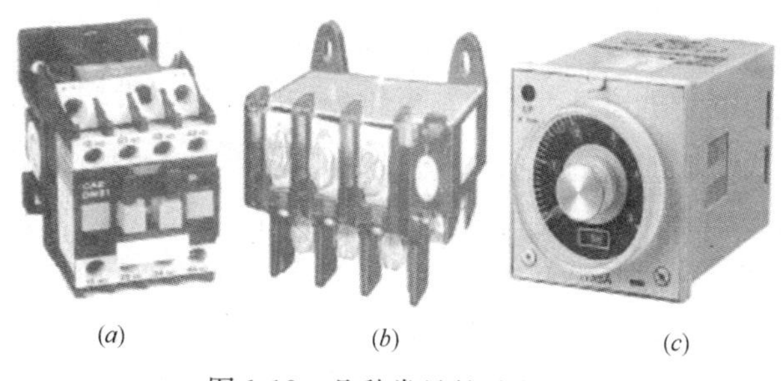

(a) (b) (c)

图 1-18　几种常见的继电器

图 1-19　刀开关

(6) 刀开关

刀开关又称闸刀开关或隔离开关，它是手控电器中最简单而使用又较广泛的一种低压电器。刀开关在电路中的作用是隔离电源和分断负载。图 1-19 所示为一种常见的刀开关。

1.3 机械基本知识

1.3.1 机械基本概念

(1) 机器

机器基本上都是由原动部分、工作部分和传动部分组成的。原动部分是机器动力的来源。常用的原动机有电机、内燃机等。工作部分是完成机器预定的动作，处于整个传动的终端，其结构形式主要取决于机器工作本身的用途。传动部分是把原动部分的运动和动力传递给工作部分的中间环节。

机器通常有以下三个共同的特征：

1) 机器是由许多的构件组合而成的。如图 1-20 所示，钢筋切断机由电动机通过带传动及齿轮传动减速机，带动由曲柄、连杆和滑块组成的曲柄滑块机构，使安装在滑块上的活动刀片周期性地靠近或离开安装在机架上的固定刀片，完成切断钢筋的工作循环。其原动部分为电动机，执行部分为刀片，传动部分包括带传动、齿轮传动和曲柄滑块机构。

2) 机器中的构件之间具有确定的相对运动。活动刀片相对

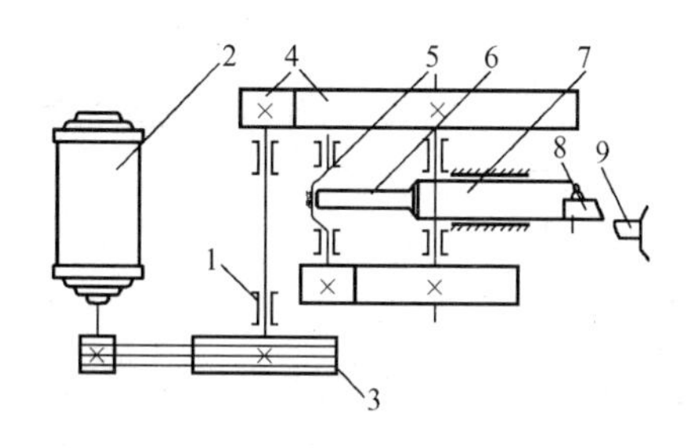

图 1-20 钢筋切断机示意图

1—机架；2—电动机；3—带传动机构；
4—齿轮机构；5—偏心轴；6—连杆；
7—滑块；8—活动刀片；9—固定刀片

于固定刀片作往复运动。

3）机器可以用来代替人的劳动，完成有用的机械功或者实现能量转换。如运输机可以改变物体的空间位置，电动机能把电能转换成机械能等。

（2）机构

机构与机器有所不同，机构具有机器的前两个特征，而没有最后一个特征，通常把这些具有确定相对运动构件的组合称为机构。所以，机构和机器的区别是机构的主要功用在于传递或转变运动的形式，而机器的主要功用是为了利用机械能做功或能量转换。

（3）机械

机械是机器和机构的总称。

（4）运动副

使两物体直接接触而又能产生一定相对运动的连接，称为运动副，如图 1-21 所示。

根据运动副中两机构接触形式不同，运动副可分为低副和高副。

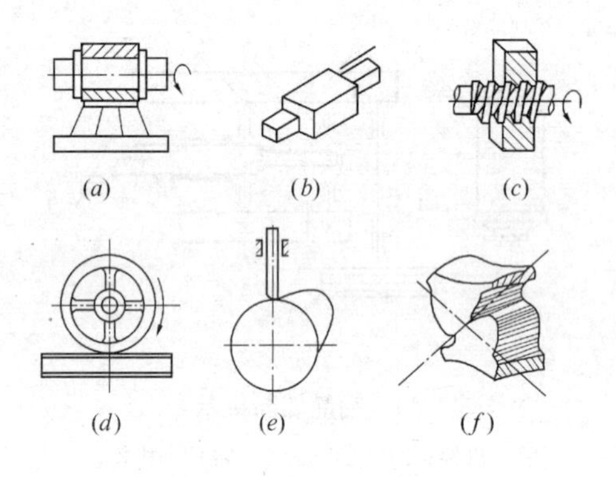

图 1-21　运动副

（*a*）转动副；（*b*）移动副；（*c*）螺旋副；

（*d*）滚轮副；（*e*）凸轮副；（*f*）齿轮副

1）低副

低副是指两构件之间作面接触的运动副。按两构件的相对运动情况，可分为：

①转动副：指两构件在接触处只允许作相对转动，如由轴和瓦之间组成的运动副。

②移动副：指两构件在接触处只允许作相对移动，如由滑块与导槽组成的运动副。

③螺旋副：两构件在接触处只允许作一定关系的转动和移动的复合运动，如丝杠与螺母组成的运动副。

2）高副

高副是两构件之间作点或线接触的运动副。按两构件的相对运动情况，可分为：

①滚轮副：如由滚轮和轨道之间组成的运动副。

②凸轮副：如凸轮与从动杆组成的运动副。

③齿轮副：如两齿轮轮齿的啮合组成的运动副。

1.3.2 机械传动

(1) 齿轮传动

齿轮传动是由齿轮副组成的传递运动和动力的一套装置，所谓齿轮副是由两个相啮合的齿轮组成的基本结构。

1) 齿轮传动工作原理

齿轮传动由主动轮、从动轮和机架组成。齿轮传动是靠主动轮的轮齿与从动轮的轮齿直接啮合来传递运动和动力的装置。如图 1-22 所示，当一对齿轮相互啮合而工作时，主动轮 O_1 的轮齿 1、2、3、4、……，通过啮合点法向力的作用逐个地推动从动轮 O_2 的轮齿 1′、2′、3′、4′、……，使从动轮转动，从而将主动轮的动力和运动传递给从动轮。

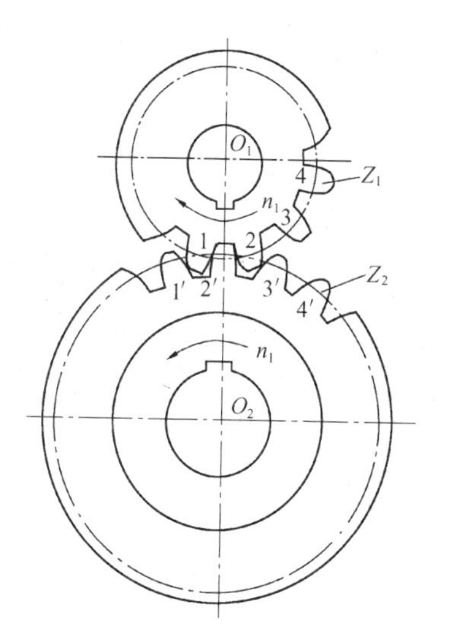

图 1-22 齿轮传动

2) 传动比

如图 1-22 所示，在一对齿轮中，设主动齿轮的转速为 n_1，齿数为 Z_1，从动齿轮的转速为 n_2，齿数为 Z_2，由于是啮合传动，在单位时间里两轮转过的齿数应相等，即 $Z_1 \cdot n_1 = Z_2 \cdot n_2$，由此可得一对齿轮的传动比，见式 (1-7)：

$$i_{12} = \frac{n_1}{n_2} = \frac{Z_2}{Z_1} \tag{1-7}$$

式中 i_{12}——齿轮的传动比；

n_1、n_2——齿轮的转速；

Z_1、Z_2——齿轮的齿数。

上式说明，一对齿轮传动比，就是主动齿轮与从动齿轮转速（角速度）之比，与其齿数成反比。若两齿轮的旋转方向相同，规定传动比为正；若两齿轮的旋转方向相反，规定传动比为负，则一对齿轮的传动比可写为：

$$i_{12}=\pm\frac{n_1}{n_2}=\pm\frac{Z_2}{Z_1}$$

3）齿轮各部分名称和符号，如图1-23所示。

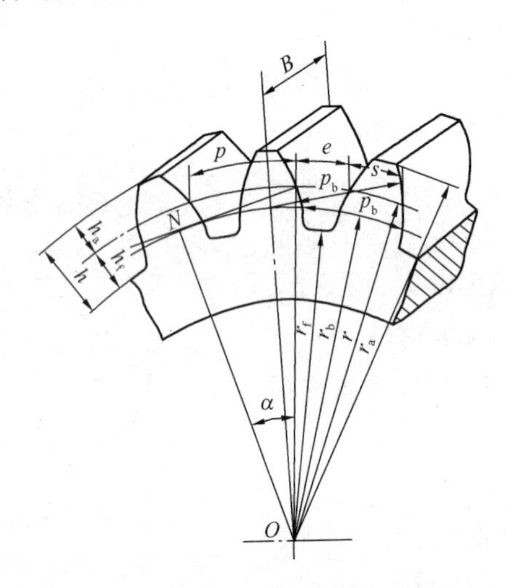

图1-23　齿轮各部分名称和符号

①齿槽：齿轮上相邻两轮齿之间的空间。

②齿顶圆：通过轮齿顶端所作的圆称为齿顶圆，其直径用d_a表示，半径用r_a表示。

③齿根圆：通过齿槽底所作的圆称为齿根圆，其直径用d_f表示，半径用r_f表示。

④齿厚：一个齿的两侧端面齿廓之间的弧长称为齿厚，用s

表示。

⑤齿槽宽：一个齿槽的两侧齿廓之间的弧长称为齿槽宽，用 e 表示。

⑥分度圆：齿轮上具有标准模数和标准压力角的圆称为分度圆，其直径用 d 表示，半径用 r 表示；对于标准齿轮，分度圆上的齿厚和槽宽相等。

⑦齿距：相邻两齿上同侧齿廓之间的弧长称为齿距，用 p 表示，即 $p=s+e$。

⑧齿高：齿顶圆与齿根圆之间的径向距离称为齿高，用 h 表示。

⑨齿顶高：齿顶圆与分度圆之间的径向距离称为齿顶高，用 h_a 表示。

⑩齿根高：齿根圆与分度圆之间的径向距离称为齿根高，用 h_f 表示。

⑪齿宽：齿轮的有齿部位沿齿轮轴线方向量得的齿轮宽度，用 B 表示。

4）主要参数

①齿数：在齿轮整个圆周上轮齿的总数称为齿数，用 z 表示。

②模数：模数是齿轮几何尺寸计算中最基本的一个参数。齿距除以圆周率所得的商，称为模数，由于 π 为无理数，为了计算和制造上的方便，人为地把 p/π 规定为有理数，用 m 表示，模数单位为 mm，即：$m=p/\pi=d/z$。

模数直接影响齿轮的大小、轮齿齿形和强度的大小。对于相同齿数的齿轮，模数越大，齿轮的几何尺寸越大，轮齿也大，因此承载能力也越大。

国家对模数值规定了标准模数系列，见表 1-5。

标准模数系列表 **表 1-5**

第一系列（mm）										
	0.1	0.12	0.15	0.2	0.25	0.3	0.4	0.5	0.6	0.8
	1	1.25	1.5	2	2.5	3	4	5	6	8
	10	12	16	20	25	32	40	50		

第二系列（mm）											
	0.35	0.7	0.9	1.75	2.25	2.75	(3.25)	3.5	(3.75)	4.5	5.5
	(6.5)	7	9	(11)	14	18	22	28	(30)	36	45

注：本表适用于渐开线圆柱齿轮，对斜齿轮是指法面模数；选用模数时，应优先采用第一系列，其次是第二系列，括号内的模数尽量不用。

③分度圆压力角：通常说的压力角指分度圆上的压力角，简称压力角，用 α 表示。国家标准中规定，分度圆上的压力角为标准值，$\alpha=20°$。

齿廓形状是由齿数、模数、压力角三个因素决定的。

5）直齿圆柱齿轮传动

①啮合条件：两齿轮的模数和压力角分别相等。

②中心距：一对标准直齿圆柱齿轮传动，由于分度圆上的齿厚与齿槽宽相等，所以两齿轮的分度圆相切，且作纯滚动，此时两分度圆与其相应的节圆重合，则标准中心距见式（1-8）。

$$a = r_1 + r_2 = \frac{m(Z_1 + Z_2)}{2} \tag{1-8}$$

式中 a——标准中心距；

r_1、r_2——齿轮的半径；

m——齿轮的模数；

Z_1、Z_2——齿轮的齿数。

6）齿轮传动的失效形式

齿轮传动过程中，如果轮齿发生折断、齿面损坏等现象，则轮齿就失去了正常的工作能力，称为失效。失效的原因及避免措施见表 1-6。

齿轮失效的原因及避免措施　　表 1-6

失效形式 / 比较项目	轮齿折断	齿面点蚀	齿面胶合	齿面磨损	齿面塑性变形
引起原因	短时意外的严重过载；超过弯曲疲劳极限	很小的面接触、循环变化就会使齿面表层产生细微的疲劳裂纹、微粒剥落而形成麻点	高速重载、啮合区温度升高引起润滑失效，齿面金属直接接触并相互粘连，较软的齿面被撕下而形成沟纹	接触表面间有较大的相对滑动，产生滑动摩擦	低速重载、齿面压力过大
部位	齿根部分	靠近节线的齿根表面	轮齿接触表面	轮齿接触表面	轮齿
避免措施	选择适当的模数和齿宽，采用合适的材料及热处理方法，降低表面粗糙度，降低齿根弯曲应力	提高齿面硬度	提高齿面硬度，降低表面粗糙度，采用黏度大和抗胶合性能好的润滑油	提高齿面硬度，降低表面粗糙度，改善润滑条件，加大模数，尽可能用闭式齿轮传动结构代替开式齿轮传动结构	减小载荷，减少启动频率

常见的轮齿失效形式有：轮齿折断、齿面点蚀、齿面胶合、齿面磨损、齿面塑性变形等。图 1-24 所示为常见的轮齿失效形式。

7）斜齿圆柱齿轮

①斜齿圆柱齿轮齿面的形成。

斜齿圆柱齿轮是齿线为螺旋线的圆柱齿轮。斜齿圆柱齿轮的齿面制成渐开螺旋面。渐开螺旋面的形成，是一平面（发生面）沿着一个固定的圆柱面（基圆柱面）作纯滚动时，此平面上的一

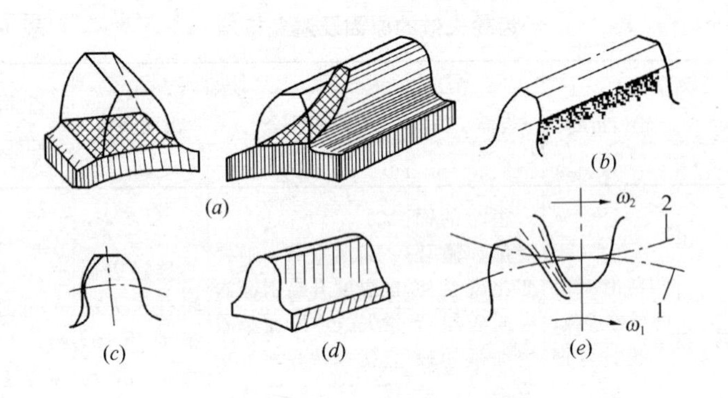

图 1-24　常见的轮齿失效形式

(*a*) 轮齿折断；(*b*) 齿面点蚀；(*c*) 齿面胶合；

(*d*) 齿面磨损；(*e*) 齿面塑性变形

条以恒定角度与基圆柱的轴线倾斜交错的直线在空间内的轨迹曲面，如图 1-25 所示。

当其恒定角度 $\beta=0$ 时，则为直齿圆柱渐开螺旋面齿轮（简称直齿圆柱齿轮），当 $\beta\neq0$ 时，则为斜齿圆柱渐开螺旋面齿轮，简称斜齿圆柱齿轮。

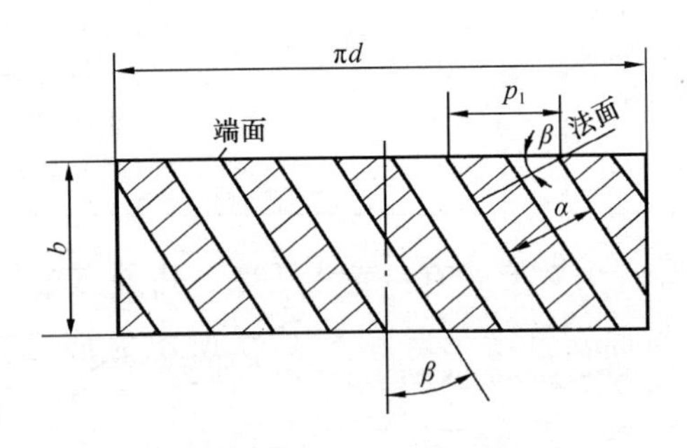

图 1-25　斜齿轮展开图

②斜齿圆柱齿轮传动的特点。

斜齿圆柱齿轮传动和直齿圆柱齿轮传动一样，仅限于传递两平行轴之间的运动；齿轮承载能力强，传动平稳，可以得到更加紧凑的结构，但在运转时会产生轴向推力。

8）齿条传动

齿条传动主要用于把齿轮的旋转运动变为齿条的直线往复运动，或把齿条的直线往复运动变为齿轮的旋转运动。

①齿条传动的形式。

如图 1-26 所示，在两标准渐开线齿轮传动中，当其中一个齿轮的齿数无限增加时，分度圆变为直线，称为基准线。此时齿顶圆、齿根圆和基圆也同时变为与基准线平行的直线，并分别叫齿顶线、齿根线。这时齿轮中心移到无穷远处。同时，基圆半径也增加到无穷大。这种齿数趋于无穷多的齿轮的一部分就是齿条。因此，齿条是具有一系列等距离分布齿的平板或直杆。

图 1-26　齿条传动

②齿条传动的特点。

由于齿条的齿廓是直线，所以齿廓上各点的法线是平行的。在传动时齿条作直线运动。齿条上各点的速度的大小和方向都一致，齿廓上各点的齿形角都相等，其大小等于齿廓的倾斜角，即齿形角 $\alpha=20^{\circ}$。

由于齿条上各齿同侧的齿廓是平行的，所以不论在基准线上（中线上）、齿顶线上，还是与基准线平行的其他直线上，齿距都相等，即 $p=\pi m$。

9）蜗杆传动

蜗杆传动是一种常用的齿轮传动形式，其特点是可以实现大传动比传动，广泛应用于机床、仪器、起重运输机械及建筑机械中。

如图 1-27 所示，蜗杆传动由蜗杆和蜗轮组成，传递两交错轴之间的运动和动力，一般以蜗杆为主动件，蜗轮为从动件。通常，工程中所用的蜗杆是阿基米德蜗杆，它的外形很像一根具有梯形螺纹的螺杆，其轴向截面类似于直线齿廓的齿条。蜗杆有左旋、右旋之分，一般为右旋。蜗杆传动的主要特点是：

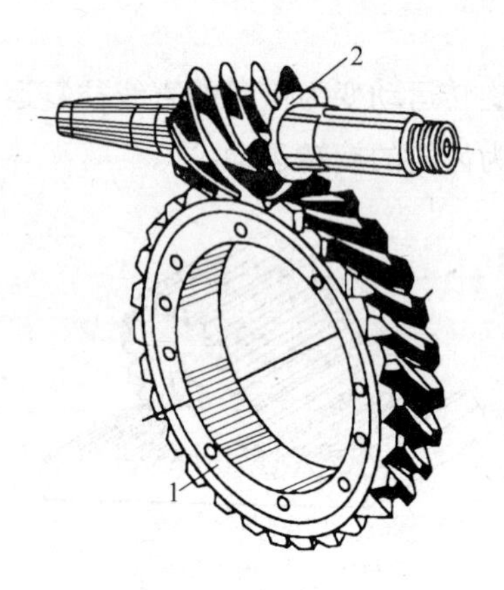

图 1-27　蜗杆蜗轮传动
1—蜗轮；2—蜗杆

①传动比大。蜗杆与蜗轮的运动相当于一对螺旋副的运动，其中蜗杆相当于螺杆，蜗轮相当于螺母。设蜗杆螺纹头数为 z_1，蜗轮齿数为 z_2。在啮合中，若蜗杆螺纹头数 $z_1=1$，则蜗杆回转一周蜗轮只转过一个齿，即转过 $1/z_2$ 转；若蜗杆头数 $z_2=2$，则蜗轮转过 $2/z_2$ 转，由此可得蜗轮杆蜗轮的传动比：

$$i=\frac{n_1}{n_2}=\frac{z_2}{z_1}$$

②蜗杆的头数 z_1 很少，仅为 1～4，而蜗轮齿数 z_2 却可以很多，所以能获得较大的传动比。单级蜗杆传动的传动比一般为 8～60，分度机构的传动比可达 500 以上。

③工作平稳，噪声小。

④具有自锁作用。当蜗杆的螺旋升角 λ 小于 6°时（一般为单头蜗杆），无论在蜗轮上加多大的力都不能使蜗杆转动，而只能由蜗杆带动蜗轮转动。这一性质对某些起重设备很有意义，可利用蜗轮蜗杆的自锁作用使重物吊起后不会自动落下。

⑤传动效率低。一般阿基米德单头蜗杆传动效率为 0.7～0.9。当传动比很大、蜗杆螺旋升角很小时，效率甚至在 0.5 以下。

⑥价格昂贵。蜗杆蜗轮啮合齿面间存在相当大的相对滑动速

度，为了减小蜗杆蜗轮之间的摩擦，防止发生胶合，蜗轮一般需采用贵重的有色金属来制造，加工也比较复杂，这就提高了制造成本。

（2）带传动

带传动是由主动轮、从动轮和传动带组成，靠带与带轮之间的摩擦力来传递运动和动力，如图 1-28 所示。

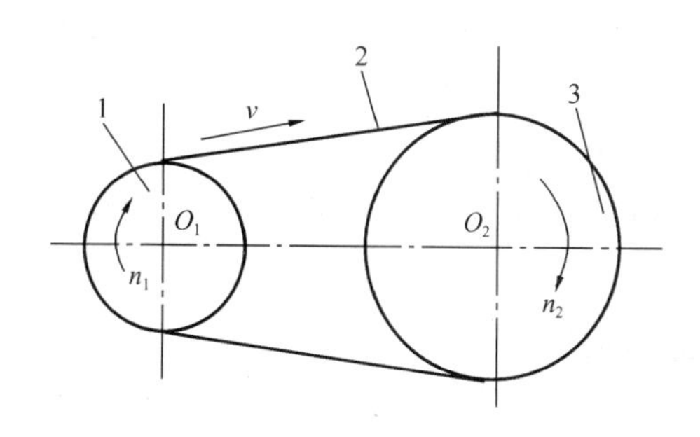

图 1-28　带传动

1—主动带轮；2—传动带；3—从动带轮

1）带传动的特点

与其他传动形式相比较，带传动具有以下特点：

①由于传动带具有良好的弹性，所以能缓和冲击、吸收振动，传动平稳，无噪声。但因带传动存在滑动现象，所以不能保证恒定的传动比。

②传动带与带轮是通过摩擦力传递运动和动力的。因此过载时，传动带在轮缘上会打滑，从而可以避免其他零件的损坏，起到安全保护的作用。但传动效率较低，带的使用寿命短；轴、轴承承受的压力较大。

③适宜用在两轴中心距较大的场合，但外廓尺寸较大。

④结构简单，制造、安装、维护方便，成本低。但不适用于高温、有易燃易爆物质的场合。

2）带传动的类型

带传动可分为平型带传动、V 带传动和同步齿形带传动等，如图 1-29 所示。

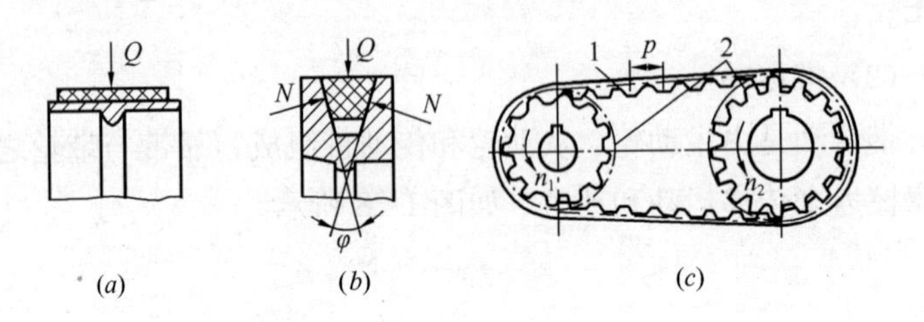

图 1-29　带传动的类型

（a）平型带传动；（b）V 带传动；（c）同步带传动

1—节线；2—节圆

①平型带传动。

平型带的横截面为矩形，已标准化。常用的有橡胶帆布带、皮革带、棉布带和化纤带等。

平型带传动主要用于两带轮轴线平行的传动，其中有开口式传动和交叉式传动等。如图 1-30 所示，开口式传动，两带轮转向相同，应用较多；交叉式传动，两带轮转向相反，传动带容易磨损。

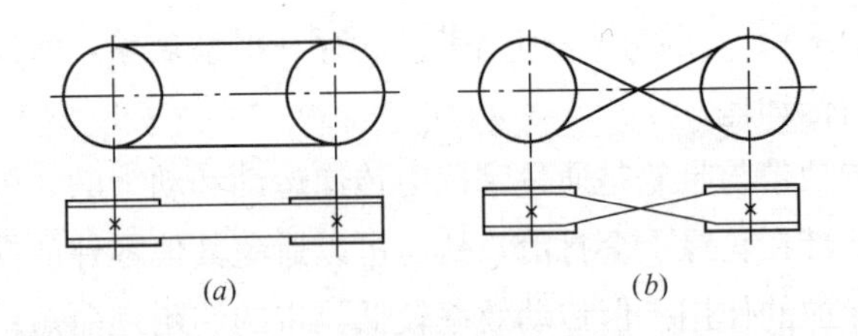

图 1-30　平型带传动

（a）开口传动；（b）交叉传动

②V 带传动。

V 带传动又称三角带传动，较之平带传动的优点是传动带与带轮之间的摩擦力较大，不易打滑；在电动机额定功率允许的情况下，要增加传递功率只要增加传动带的根数即可。V 带传动常用的有普通 V 带传动和窄 V 带传动两类，常用普通 V 带传动。

对 V 带轮的基本要求是：重量轻，质量分布均匀，有足够的强度，安装时对中性良好，无铸造与焊接所引起的内应力。带轮的工作表面应经过加工，使之表面光滑以减少胶带的磨损。

带轮常用铸铁、钢、铝合金或工程塑料等制成。带轮由轮缘、轮毂、轮辐三部分组成，如图 1-31 所示。轮缘上有带槽，它是与 V 带直接接触的部分，槽数与槽的尺寸应与所选 V 带的根数和型号相对应。轮毂是带轮与轴配合的部分，轮毂孔内一般有键槽，以便用键将带轮和轴连接在一起。轮辐是连接轮缘与轮毂的部分，其形式根据带轮直径大小选择。当带轮直径很小时，只能做成实心式，如图 1-31（a）所示；中等直径的带轮做成腹

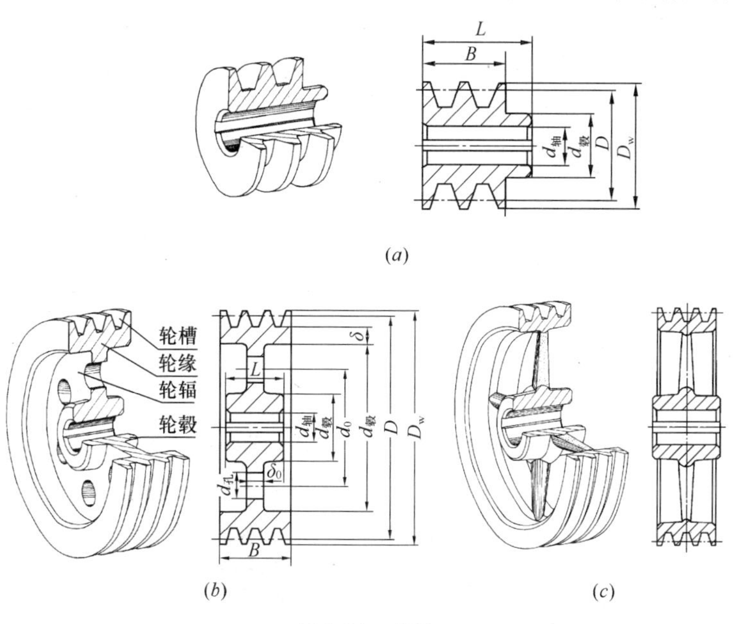

图 1-31　带轮

（a）实心式；（b）腹板式；（c）轮辐式

板式，如图 1-31（*b*）所示；直径大于 300mm 的带轮常采用轮辐式，如图 1-31（*c*）所示。

V 带传动的安装、使用和维护是否得当，会直接影响传动带的正常工作和使用寿命。在安装带轮时，要保证两轮中心线平行，其端面与轴的中心线垂直，主、从动轮的轮槽必须在同一平面内，带轮安装在轴上不得晃动。

选用 V 带时，型号和计算长度不能搞错。若 V 带型号大于轮槽型号，会使 V 带高出轮槽，使接触面减小，降低传动能力；若小于轮槽型号，将使 V 带底面与轮槽底面接触，从而失去 V 带传动摩擦力大的优点。

安装 V 带时应有合适的张紧力，在中等中心距的情况下，用大拇指按下 1.5cm 即可；同一组 V 带的实际长短相差不宜过大，否则，易造成受力不均匀现象，以致降低整个机构的工作能力。V 带在使用一段时间后，由于长期受拉力作用会产生永久变形，使长度增加而造成 V 带松弛，甚至不能正常工作。

为了使 V 带保持一定的张紧程度和便于安装，常把两带轮的中心距做成可调整的（图 1-32），或者采用张紧装置（图 1-33）。没有张紧装置时，可将 V 带预加张紧力增大到 1.5 倍，当胶带工作一段时间后，由于总长度有所增加，张紧力就合适了。

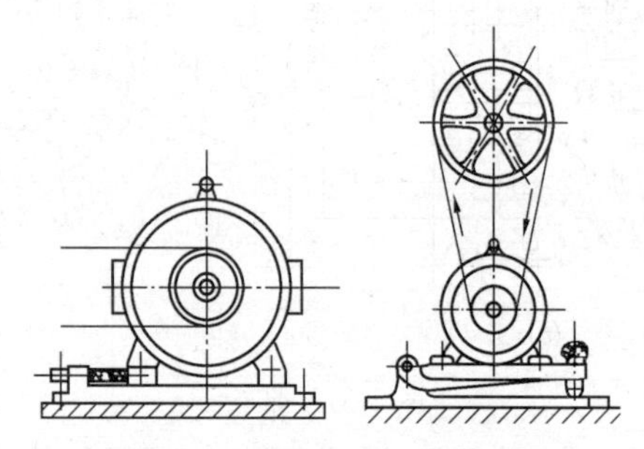

图 1-32　调整中心距的方法

V带经过一段时间使用后，如发现不能使用时要及时更换，且不允许新旧带混合使用，以免造成载荷分布不均。更换下来的V带如果其中有的仍能继续使用，可在使用寿命相近的V带中挑选长度相等的进行组合。

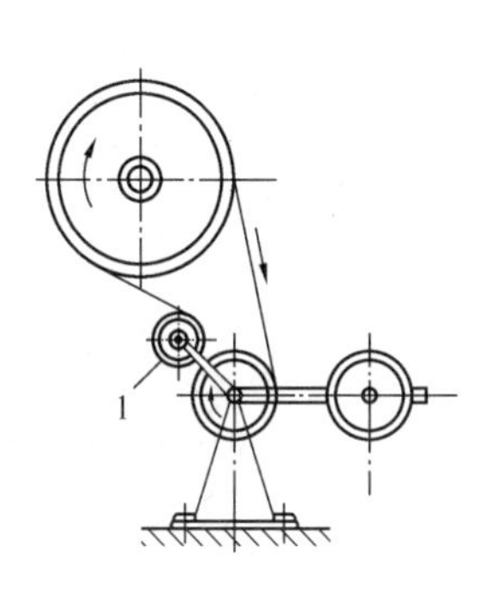

图1-33　应用张紧轮的方法
1—张紧轮

③同步带传动。

同步带传动是一种啮合传动，依靠带内周的等距横向齿与带轮相应齿槽间的啮合来传递运动和动力，如图1-34所示。同步带传动工作时带与带轮之间无相对滑动，能保证准确的传动比。传动效率可达0.98；传动比较大，可达12～20；允许带速可高至50m/s。但同步带传动的制造要求较高，安装时对中心距有严格要求，价格较贵。同步带传动主要用于要求传动比准确的中、小功率传动中。

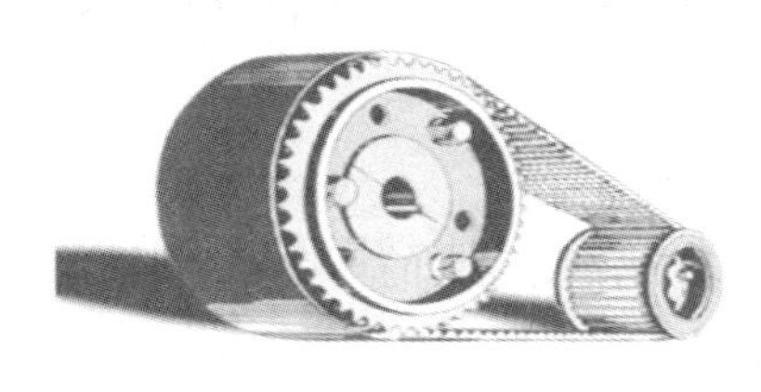
图1-34　同步带传动

3）带传动的维护

为了延长使用寿命，保证正常运转，须正确使用与维护。带传动在安装时，必须使两带轮轴线平行，轮槽对正，否则会加剧磨损。安装时，应缩小轴距后套上，然后调整。严防与矿物油、酸、碱等腐蚀性介质接触，也不宜在阳光下暴晒。如有油污，可用温水或1.5%的稀碱溶液洗净。

（3）链传动

链传动是由主动链轮、链条和从动链轮组成，如图1-35所示。链轮具有特定的齿形，链条套装在主动链轮和从动链轮上。工作时，通过链条的链节与链轮轮齿的啮合来传递运动和动力。

链传动具有下列特点：

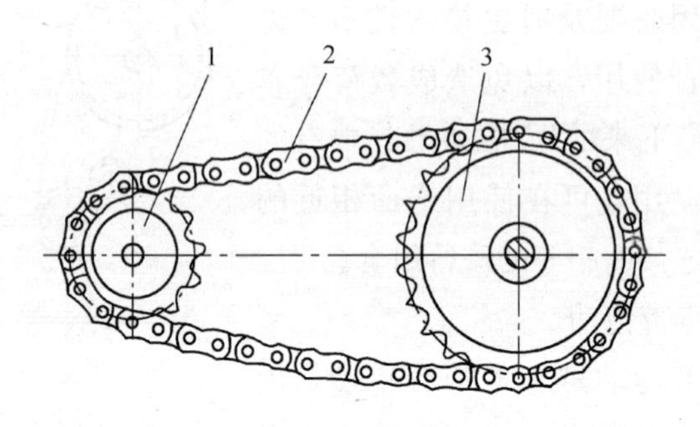

图 1-35　链传动

1—主动链轮；2—链条；3—从动链轮

1）链传动结构较带传动紧凑，过载能力大。

2）链传动有准确的平均传动比，无滑动现象，但传动平稳性差，工作时有噪声。

3）作用在轴和轴承上的载荷较小。

4）可在温度较高、灰尘较多、湿度较大的不良环境下工作。

5）低速时能传递较大的载荷。

6）制造成本较高。

1.3.3　轴系零部件

(1) 轴

轴是组成机器中最基本的和主要的零件，一切作旋转运动的传动零件，都必须安装在轴上才能实现旋转和传递动力。

1）常用轴的种类

按照轴的轴线形状不同，可以把轴分为曲轴［图 1-36（*a*）］和直轴［图 1-36（*b*）、（*c*）］两大类。曲轴可以将旋转运动改变为往复直线运动或者作相反的运动转换。直轴应用最为广泛，直轴按照其外形不同，可分为光轴［图 1-36（b）］和阶梯轴［图 1-36（c）］两种。

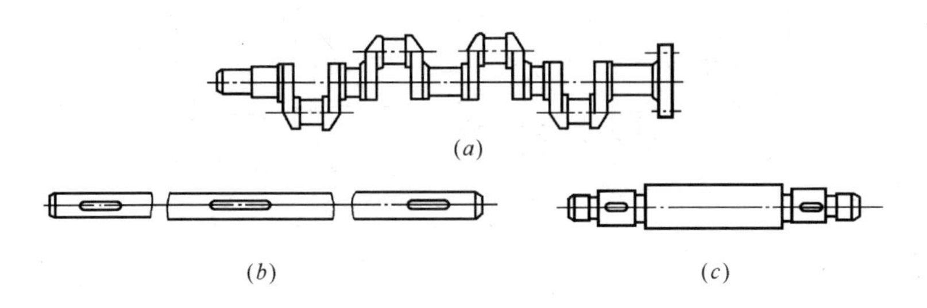

图 1-36　轴

（a）曲轴；（b）光轴；（c）阶梯轴

按照轴的所受载荷不同，可将轴分为心轴、转轴和传动轴三类。

①心轴：通常指只承受弯矩而不承受转矩的轴。如自行车前轴。

②转轴：既受弯矩又受转矩的轴。转轴在各种机器中最为常见。

③传动轴：只受转矩不受弯矩或受很小弯矩的轴。车床上的光轴、连接汽车发动机输出轴和后桥的轴，均是传动轴。

2）轴的结构

轴主要由轴颈、轴头、轴身和轴肩、轴环构成，如图 1-37 所示。

（2）轴上零件的固定

轴上零件的固定可分为周向固定和轴向固定。

1）周向固定

不允许轴与零件发生相对转动的固定，称为周向固定。常用的固定方法有楔键连接、平键连接、花键连接和过盈配合连接等。

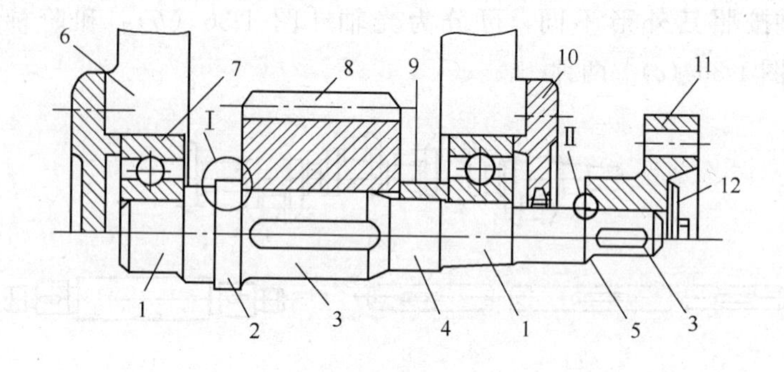

图 1-37　轴的结构

1—轴颈；2—轴环；3—轴头；4—轴身；5—轴肩；
6—轴承座；7—滚动轴承；8—齿轮；9—套筒；
10—轴承盖；11—联轴器；12—轴端挡阻

①楔键连接。

楔键如图 1-38（*a*）所示，沿键长一面制成 1∶100 斜度，在轴上平行于轴线开平底键槽，轮毂上制成 1∶100 斜度的键槽，装配时沿轴向将楔键打入键槽，依靠键的上下两面与键槽挤紧产生的摩擦力，将轴与轮毂连接在一起。键的两侧面与键槽之间留有间隙。

楔键连接方法简单，即使轴与轮毂之间有较大的间隙也能靠楔紧作用将轴与轮毂连成一体，但由于打入了楔键从而破坏了轴

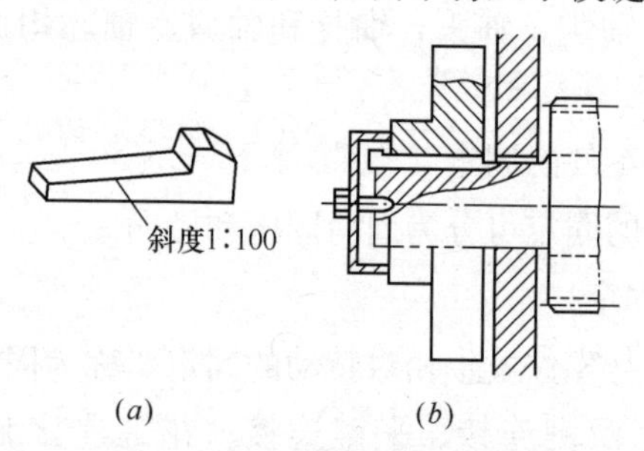

图 1-38　楔键连接

（*a*）楔键；（*b*）楔键连接

与轮毂的对中性，同时在有振动的场合下易松脱，所以楔键不适用于高速、精密的机械，只适用于低速轴上零件的连接。为防止键的钩头外伸，应加防护罩，如图 1-38（*b*）所示，以免发生事故。

②平键连接。

平键是一个截面为矩形的长六面体，键的两个侧面与键槽紧密配合，顶面与轮毂键槽间留有间隙，主要靠两侧面来传递扭矩，其连接方法如图 1-39（*a*）所示。平键制造简单、装拆方便，有较好的对中性，故应用普遍。当零件需沿轴向移动时，可用导向键（滑键）连接，如图 1-39（*b*）所示，导向键用螺钉固定在轴上，零件可以沿其两侧面顺轴向移动。

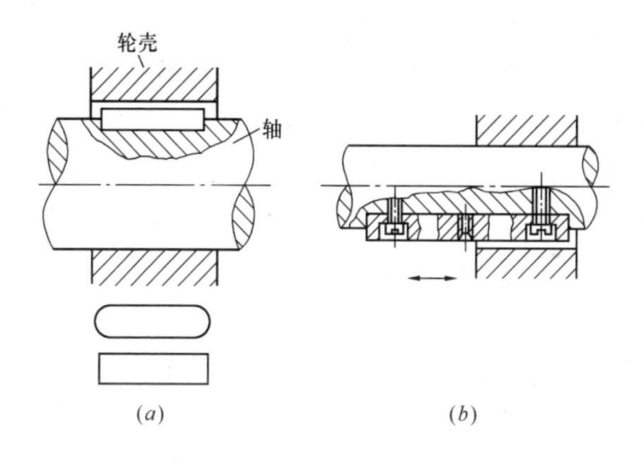

图 1-39　平键连接

（*a*）平键；（*b*）导向键

③花键连接。

花键连接由花键轴与花键槽构成（图 1-40），常用传递大扭矩、要求有良好的导向性和对中性的场合。花键的齿形有矩形、三角形及渐开线齿形三种，矩形键加工方便，应用较广。

④过盈配合连接。

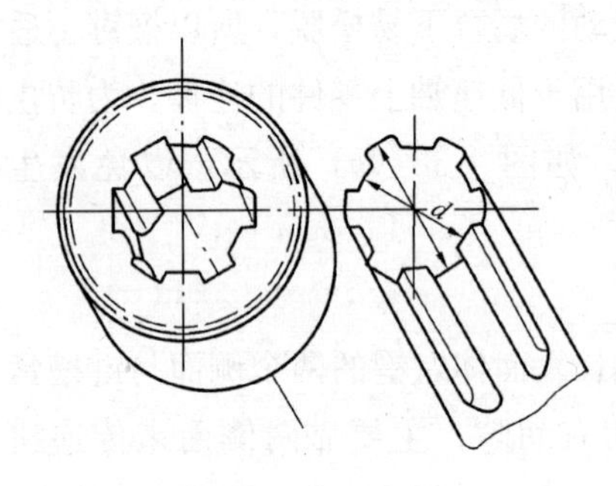

图 1-40　花键连接

过盈配合连接的特点是轴的实际尺寸比孔的实际尺寸大，安装时利用打入、压入、热套等方法将轮毂装在轴上，通常用于有振动、冲击和不需经常装拆的场合。

2）轴向固定

不允许轴与零件发生相对的轴向移动的固定，称为轴向固定。常用的固定方法有轴肩、螺母、定位套筒和弹性挡圈等。

①轴肩：用于单方向的轴向固定。

②螺母：轴端或轴向力较大时可用螺母固定。为防止螺母松动，可采用双螺母或带翅垫圈。

③定位套筒：一般用于两个零件间距离较小的场合。

④弹性挡圈（卡环）：当轴向力较小时，可采用弹性挡圈进行轴向定位，具有结构简单、紧凑等特点。

（3）轴承

轴承是用于支承轴颈的部件，它能保证轴的旋转精度，减小转动时轴与支承间的摩擦和磨损。根据轴承摩擦性质的不同，轴承可分为滑动轴承和滚动轴承两类。

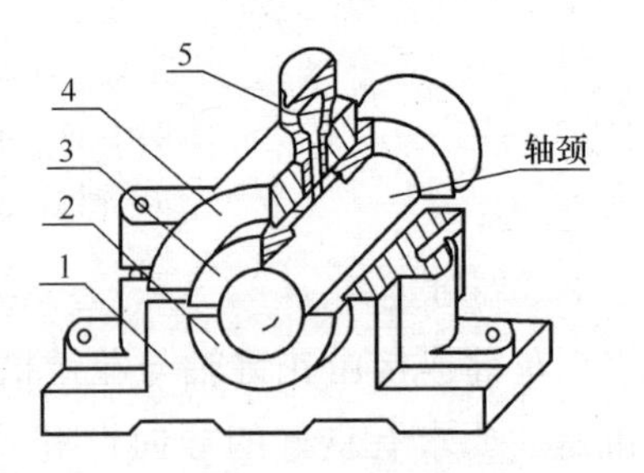

图 1-41　滑动轴承

1—轴承座；2、3—轴瓦；4—轴承盖；5—润滑装置

1）滑动轴承

滑动轴承一般由轴承座、轴承盖、轴瓦和润滑装置等组成，如图 1-41 所示。

滑动轴承与轴之间的摩擦

为滑动摩擦，其工作可靠、平稳且无噪声，润滑油具有吸振能力，故能承受较大的冲击载荷，能用于高速运转，如能保持良好的润滑，可以提高机器的传动效率。根据轴承的润滑状态，滑动轴承可分为非液体摩擦滑动轴承（动压轴承）和液体摩擦滑动轴承（静压轴承）两大类；按照所受载荷方向不同，可分为向心滑动轴承、推力滑动轴承和向心推力滑动轴承。

非液体摩擦滑动轴承是在轴颈和轴瓦表面，由于润滑油的吸附作用而形成一层极薄的油膜，它使轴颈与轴瓦表面有一部分接触，另一部分被油膜隔开。一般常见的滑动轴承大都属于这一种。液体摩擦滑动轴承的油膜较厚，使接触面完全脱离接触，它的摩擦系数约为 0.001～0.008。这是一种比较理想的摩擦状态。由于这种轴承的摩擦状态要求较高，不易实现，因此只有在很重要的设备中才采用。

轴瓦是滑动轴承和轴接触的部分，是滑动轴承的关键元件。一般用青铜、减摩合金等耐磨材料制成，滑动轴承工作时，轴瓦与转轴之间要求有一层很薄的油膜起润滑作用。如果由于润滑不良，轴瓦与转轴之间就存在直接的摩擦，摩擦会产生很高的温度，虽然轴瓦是由于特殊的耐高温合金材料制成，但发生直接摩擦产生的高温仍然足于将其烧坏。轴瓦还可能由于负荷过大、温度过高、润滑油存在杂质或黏度异常等因素造成烧瓦。轴瓦分为整体式、剖分式和分块式三种，如图 1-42 所示。

为了使润滑油能流到轴承整个工作表面上，轴瓦的内表面需开出油孔和油槽，油孔和油槽不能开在承受载荷的区域内，否则，会降低油膜承载能力。油槽的长度一般取轴瓦宽度的 80%。

2）滚动轴承

滚动轴承由内圈、外圈、滚动体和保持架组成，如图 1-43 所示。一般内圈装在轴颈上，与轴一起转动，外圈装在机器的轴

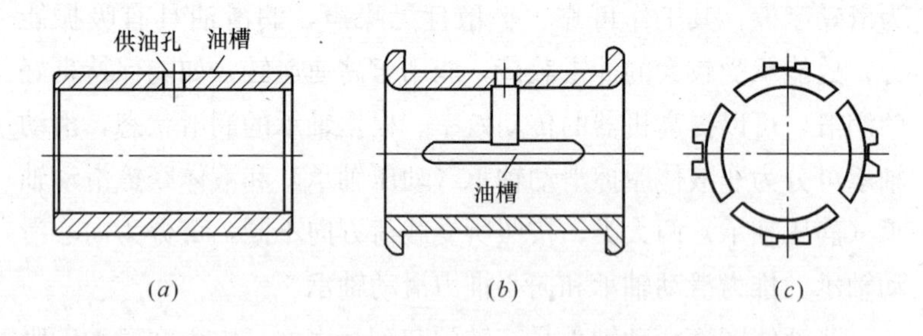

图 1-42　轴瓦的结构

（a）整体式轴瓦；（b）剖分式轴瓦；（c）分块式轴瓦

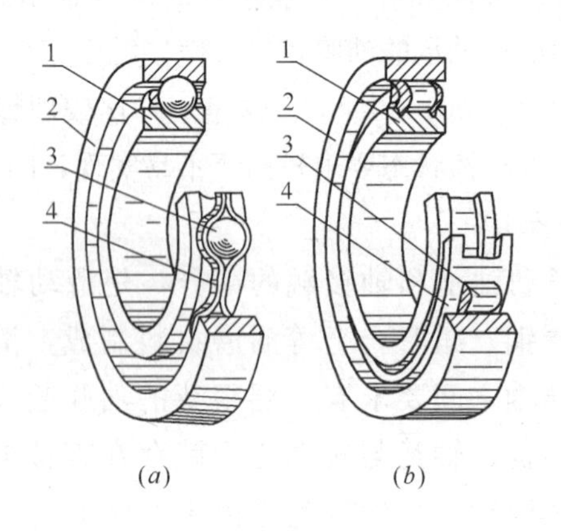

图 1-43　滚动轴承构造

（a）滚珠轴承；（b）滚柱轴承；

1—内圈；2—外圈；3—滚动体；4—保持架

承座孔内固定不动。内外圈上设置有滚道，当内外圈相对旋转时，滚动体沿着滚道滚动。按照滚动体的形状不同，滚动轴承可分为滚珠轴承和滚柱轴承；若按轴承荷载的类型不同可分为向心轴承和推力轴承两大类。

滚动轴承有以下特点：

①由于滚动摩擦代替滑动摩擦，摩擦阻力小，启动快，效率高。

②对于同一尺寸的轴颈，滚动轴承的宽度小，可使机器轴向尺寸小，结构紧凑。

③运转精度高，径向游隙比较小并可用预紧完全消除。

④冷却、润滑装置结构简单，维护保养方便。

⑤不需要用有色金属，对轴的材料和热处理要求不高。

⑥滚动轴承为标准化产品，统一设计、制造，大批量生产，成本低。

⑦点、线接触，缓冲、吸振性能较差，承载能力低，寿命低，易点蚀。

在安装滚动轴承时，应注意以下事项：

①必须确保安装表面和安装环境的清洁，不得有铁屑、毛刺、灰尘等异物进入。

②用清洁的汽油或煤油仔细清洗轴承表面，除去防锈油，再涂上干净优质润滑油脂方可安装，全封闭轴承不需清洗加油。

③选择合适的润滑剂，润滑剂不得混用。

④轴承充填润滑剂的数量以充满轴承内部空间 1/3～1/2 为宜，高速运转时应减少到 1/3。

⑤安装时，切勿直接锤击轴承端面和非受力面，应以压块、套筒或其他安装工具使轴承均匀受力，切勿通过滚动体传动力安装。

（4）联轴器

联轴器是用来连接不同机构中的两根轴（主动轴和从动轴）使之共同旋转以传递扭矩的机械零件。在高速重载的动力传动中，有些联轴器还有缓冲、减振和提高轴系动态性能的作用。联轴器由两半部分组成，分别与主动轴和从动轴连接。一般动力机大都借助于联轴器与工作机相连接。常用的联轴器可分为刚性联轴器、弹性联轴器和安全联轴器三类。

1）刚性联轴器

刚性联轴器是通过若干刚性零件将两轴连接在一起，可分为固定式和可移式两类。这类联轴器结构简单、成本较低，但对中性要求高，一般用于平稳载荷或只有轻微冲击的场合。

如图 1-44 所示，凸缘式联轴器是一种常见的刚性固定式联轴器。凸缘联轴器由两个带凸缘的半联轴器用键分别和两轴连在一起，再用螺栓把两半联轴器连成一体。凸缘联轴器有两种对中方法：一种是用半联轴器结合端面上的凸台与凹槽相嵌合来对中，如图 1-44（*a*）所示；另一种是用部分环配合对中，如图 1-44（*b*)所示。

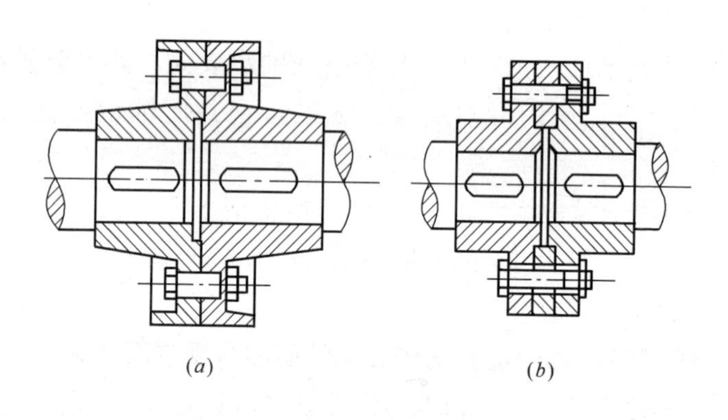

图 1-44　凸缘联轴器

（*a*）凹槽配合；（*b*）部分环配合

如图 1-45 所示，滑块联轴器是一种常见的刚性移动式联轴器。它由两个带径向凹槽的半联轴器和一个两面具有相互垂直的凸榫的中间滑块所组成，滑块上的凸榫分别和两个半联轴器的凹槽相嵌合，构成移动副，故可补偿两轴间的偏移。为减少磨损，提高寿命和效率，在榫槽间需定期施加润滑剂。当转速较高时，由于中间滑块的偏心将会产生较大的离心惯性力，给轴和轴承带来附加载荷，所以只适用于低速、冲击小的场合。

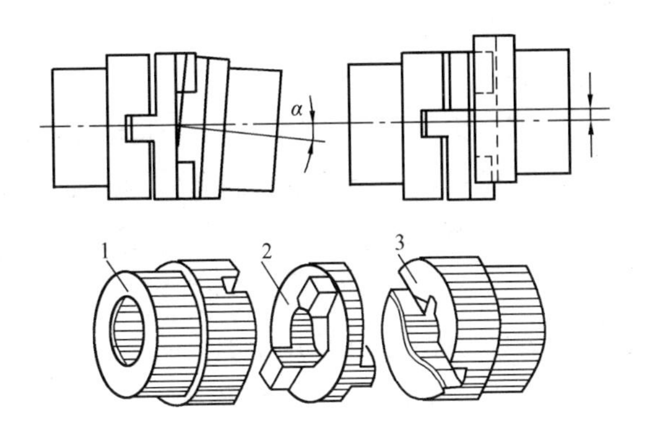

图 1-45　滑块联轴器

1—半联轴器；2—滑块；3—半联轴器；

2）弹性联轴器

弹性联轴器种类繁多，它具有缓冲、吸振，可补偿较大的轴向位移，微量的径向位移和角位移的特点，用在正反向变化多、启动频繁的高速轴上。如图 1-46所示，是一种常见的弹性联轴器，它由两个半联轴器、柱销和胶圈组成。

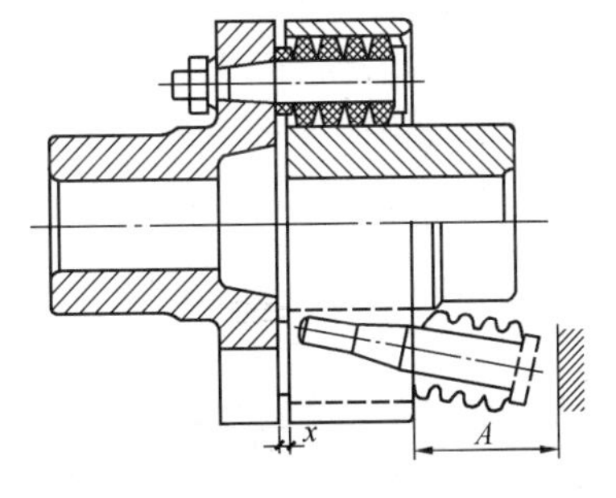

图 1-46　弹性联轴器

3）安全联轴器

安全联轴器有一个只能承受限定载荷的保险环节，当实际载荷超过限定的载荷时，保险环节就发生变化，截断运动和动力的传递，从而保护机器的其余部分不致损坏。

1.3.4 螺栓连接和销连接

（1）螺栓连接

螺栓是由头部和螺杆（带有外螺纹的圆柱体）两部分组成的一类紧固件，需与螺母配合，用于紧固连接两个带有通孔的零件。这种连接形式称为螺栓连接，属于可拆卸连接。

按连接的受力方式，可分为普通螺栓和铰制孔用螺栓。铰制孔用螺栓要和孔的尺寸配合，主要用于承受横向力。按头部形状，可分为六角头、圆头、方形头和沉头螺栓等，其中六角头螺栓是最常用的一种。按照螺栓性能等级，分为高强度螺栓和普通螺栓。

（2）销轴连接

销主要用来固定零件之间的相对位置，起定位作用，也可用于轴与轮毂的连接，传递不大的载荷，还可作为安全装置中的过载剪断元件。

1）销的分类

销是标准件，其基本形式有圆柱销和圆锥销两种。

圆柱销连接不宜经常装拆，否则，会降低定位精度或连接的紧固性，如图 1-47 所示。

圆锥销有 1∶50 的锥度，小头直径为标准值。圆锥销易于安装，定位精度高于圆柱销，如图 1-48 所示。

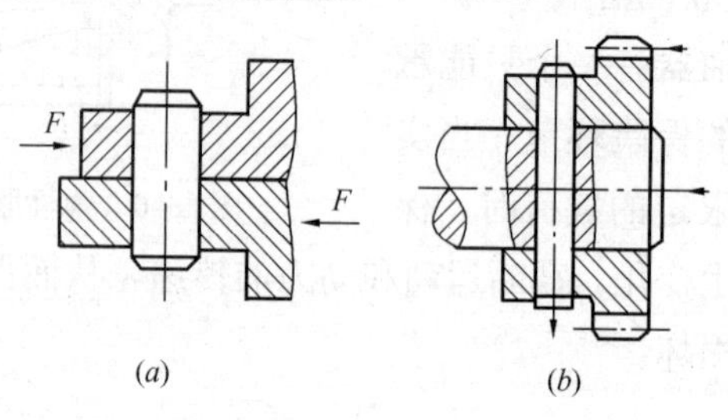

图 1-47　圆柱销

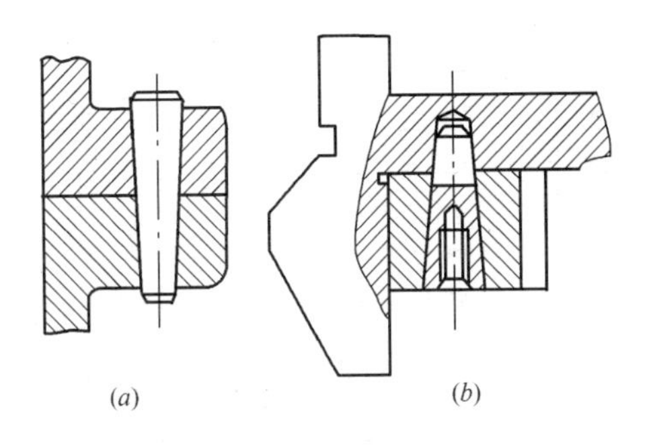

图 1-48　圆锥销

圆柱销和圆锥销孔均需铰制。铰制的圆柱销孔直径有四种不同配合精度，可根据使用要求选择。

2）销的选择。

用于连接的销，可根据连接的结构特点按经验确定直径，必要时再做强度校核；定位销一般不受载荷或受很小载荷，其直径按结构确定，数目不得少于两个；安全销直径按销的剪切强度进行计算。销的材料一般采用 35 号或 45 号钢。

1.3.5　起重用钢丝绳

钢丝绳是高空作业吊篮常用的重要部件，其通常由多根钢丝捻成绳股，再由多股绳股围绕绳芯捻制而成，具有强度高、自重轻、弹性大等特点，能承受振动荷载，能卷绕成盘，能在高速下平稳运动且噪声小。

（1）钢丝绳分类

按《重要用途钢丝绳》（GB 8918—2006）的规定，钢丝绳分类如下：

1）按绳和股的断面、股数和股外层钢丝绳的数目分类，见表 1-7。

钢 丝 绳 分 类 表 1-7

组别		类别	分类原则	典型结构		直径范围(mm)
				钢丝绳	股绳	
1	圆股钢丝绳	6×7	6个圆股,每股外层丝可到7根,中心丝(或无)外捻制1～2层钢丝,钢丝等捻距	6×7 6×9W	(6+1) (3/3+3)	2～36 14～36
2		6×19(*a*)	6个圆股,每股外层丝可到8～12根,中心丝外捻制2～3层钢丝,钢丝等捻距	6×19S 6×19W 6×25Fi 6×26SW 6×31SW	(9+9+1) (6/6+6+1) (12+6F+6+1) (10+5/5+5+1) (12+6/6+6+1)	6～36 6～41 14～44 13～40 12～46
		6×19(*b*)	6个圆股,每股外层丝12根,中心丝外捻制2层钢丝	6×19	(12+6+1)	3～46
3		6×37(*a*)	6个圆股,每股外层丝可到14～18根,中心丝外捻制3～4层钢丝,钢丝等捻距	6×29Fi 6×36SW 6×37S(点线接触) 6×41SW 6×49SWS 6×55SWS	(14+7F+7+1) (14+7/7+7+1) (15+15+6+1) (16+8/8+8+1) (16+8/8+8+1) (18+9/9+9+9+1)	10～44 12～60 10～60 32～60 36～60 36～64
		6×37(*b*)	6个圆股,每股外层丝8根,中心丝外捻制3层钢丝	6×37	(18+12+6+1)	5～66

续表

组别	类别		分类原则	典型结构		直径范围（mm）
				钢丝绳	股绳	
4	圆股钢丝绳	8×19	8个圆股，每股外层丝可到8～12根，中心丝外捻制2～3层钢丝，钢丝等捻距	8×19S	（9+9+1）	11～44
				8×19W	（6/6+6+1）	10～48
				8×25Fi	（12+6F+6+1）	18～52
				8×26SW	（10+5/5+6+1）	16～48
				8×31SW	（12+6/6+6+1）	14～56
5		8×37	8个圆股，每股外层丝可到14～18根，中心丝外捻制3～4层钢丝，钢丝等捻距	8×36SW	（14+7/7+7+1）	14～60
				8×41SW	（16+8/8+8+1）	40～56
				8×49SWS	（16+8/8+8+8+1）	44～64
				8×55SWS	（16+9/9+9+9+1）	44～4
6		17×7	钢丝绳中有17个或18个圆股，在纤维芯或钢芯外捻制2层股	17×7	（6+1）	6～44
				18×7	（6+1）	6～44
				18×19W	（6/6+6+1）	14～44
				18×19S	（9+9+1）	14～44
				18×19	（12+6+1）	10～44
7		34×7	钢丝绳中有34个或36个圆股，在纤维芯或钢芯外捻制3层股	34×7	（6+1）	16～44
				36×7	（6+1）	16～44
8		6×24	6个圆股，每股外层丝12～16根，在纤维芯外捻制2层股	6×24	（15+9+FC）	8～40
				6×24S	（12+12+FC）	10～44
				6×24W	（8/8+8+FC）	10～44

施工现场起重作业一般使用圆股钢丝绳，常见的断面形式如图 1-49、图 1-50 所示。

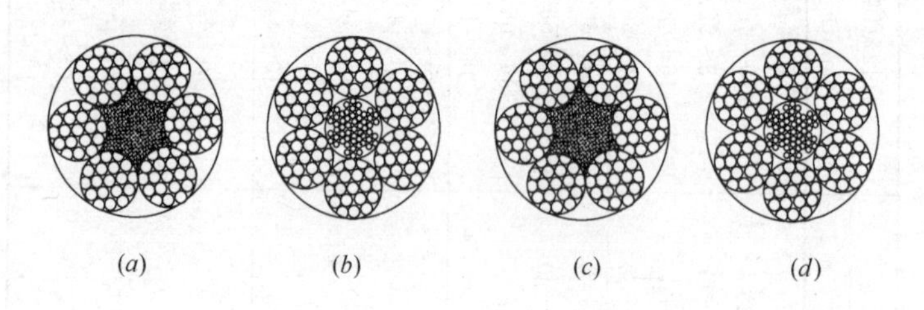

图 1-49　6×19 钢丝绳断面图

（a）6×19S+FC；（b）6×19S+IWR；（c）6×19W+FC；（d）6×19W+IWR

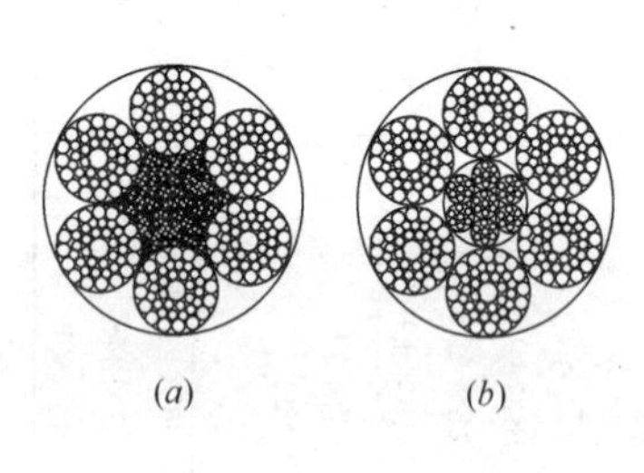

图 1-50　6×37S 钢丝绳断面图

（a）6×37S+FC；（b）6×37S+IWR

2）钢丝绳按捻法，分为右交互捻（ZS）、左交互捻（SZ）、右同向捻（ZZ）和左同向捻（SS）四种，如图 1-51 所示。

3）钢丝绳按绳芯不同，分为纤维芯和钢芯。纤维芯钢丝绳比较柔软，易弯曲，纤维芯可浸油作润滑、防锈，减少钢丝间的摩擦；金属芯的钢丝绳耐高温、耐重压、硬度大，不易弯曲。

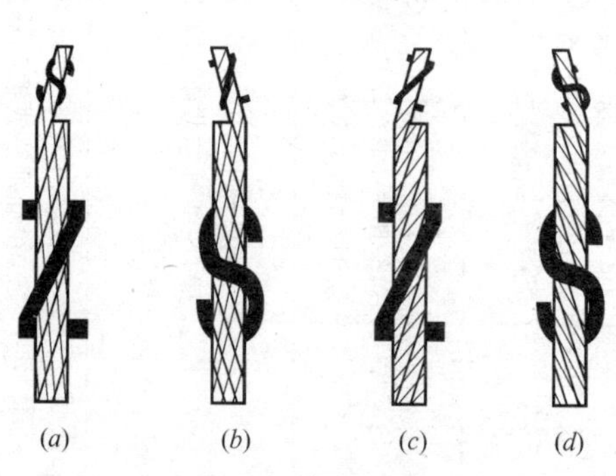

图 1-51　钢丝绳按捻法分类

（a）右交互捻；（b）左交互捻；（c）右同向捻；（d）左同向捻

（2）标记

根据《钢丝绳术语、标记和分类》（GB/T 8706—2006）的规定，钢丝绳的标记格式如图1-52所示。

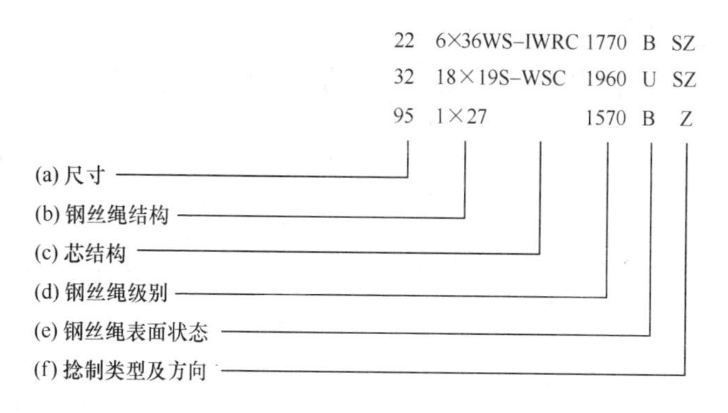

图1-52　钢丝绳的标记示例

（3）钢丝绳的选用

钢丝绳的选用应遵循下列原则：

1）能承受所要求的拉力，保证足够的安全系数。

2）能保证钢丝绳受力不发生扭转。

3）耐疲劳，能承受反复弯曲和振动作用。

4）有较好的耐磨性能。

5）与使用环境相适应：高温或多层缠绕的场合宜选用金属芯；高温、腐蚀严重的场合宜选用石棉芯；有机芯易燃，不能用于高温场合。

6）必须有产品检验合格证。

（4）钢丝绳的储存

1）运输过程中，应注意不要损坏钢丝绳表面。

2）绳应储存于干燥且有木地板或沥青、混凝土地面的仓库里，以免腐蚀。在堆放时，成卷的钢丝绳应竖立放置（即卷轴与地面平行），不得平放。

3）必须在露天存放时，地面上应垫木方，并用防水毡布覆盖。

（5）钢丝绳的松卷

1）在整卷钢丝绳中引出一个绳头并拉出一部分重新盘绕成卷时，松绳的引出方向和重新盘绕成卷的绕行应保持一致，不得随意抽取，以免形成圈套和死结。如图 1-53 所示。

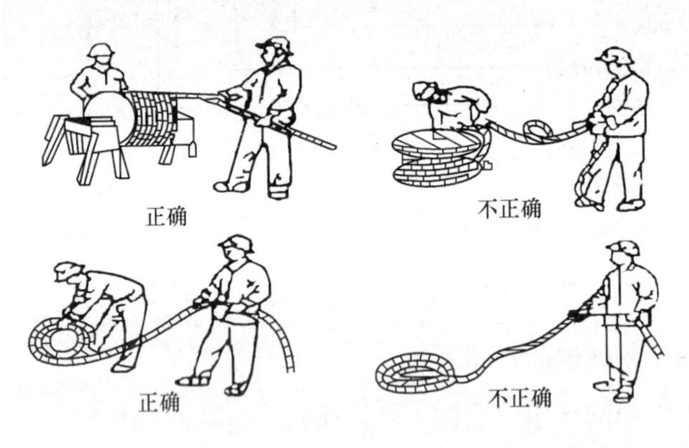

图 1-53　钢丝绳的松卷

2）当由钢丝绳卷直接往起升机构卷筒上缠绕时，应把整卷钢丝绳架在专用的支架上，松卷时的旋转方向应与起升机构卷筒上绕绳的方向一致；卷筒上绳槽的走向应同钢丝绳的捻向相适应。

3）在钢丝绳松卷和重新缠绕过程中，应避免钢丝绳与泥土接触，以防止钢丝绳生锈。

4）钢丝绳严禁与电焊线碰触。

（6）钢丝绳的截断

在截断钢丝绳时，宜使用专用刀具或砂轮锯截断，较粗钢丝绳可用乙炔切割。如图 1-54 所示，截断钢丝绳时，要在截分处进行扎结，扎结绕向必须与钢丝绳股的绕向相反，扎结须紧固，以免钢丝绳在断头处松开。

缠扎宽度随钢丝绳直径大小而定，直径为 15～24mm，扎结宽度应不小于 25mm；对直径为 25～30mm 的钢丝绳，其缠扎宽度应不小于 40mm；对于直径为 31～44mm 钢丝绳，其扎结宽度不得小于 50mm；直径为 45～51mm 的钢丝绳，扎结宽度不得小于 75mm。扎结处与截断口之间的距离应不小于 50mm。

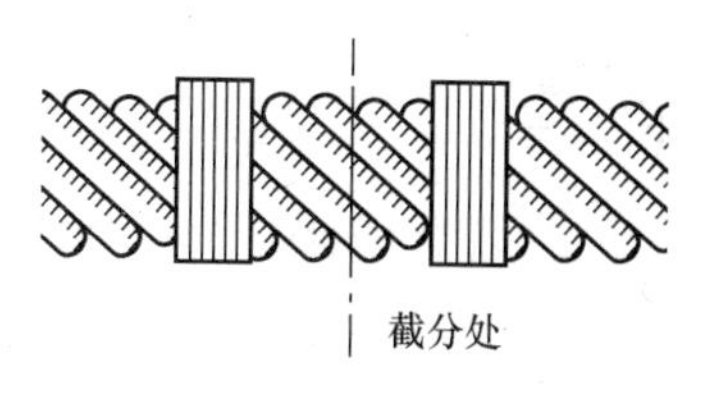

图 1-54　钢丝绳的扎结与截断

（7）钢丝绳的穿绕

钢丝绳的使用寿命，在很大程度上取决于穿绕方式是否正确，因此，要由训练有素的技工细心地进行穿绕，并应在穿绕时将钢丝绳涂满润滑脂。

穿绕钢丝绳时，必须注意检查钢丝绳的捻向。如俯仰变幅动臂式塔式起重机的臂架拉绳捻向必须与臂架变幅绳的捻向相同。起升钢丝绳的捻向必须与起升卷筒上的钢丝绳绕向相反。

（8）钢丝绳的固定与连接

钢丝绳与其他零构件连接或固定应注意连接或固定方式与使用要求相符，连接或固定部位应达到相应的强度和安全要求。常用的连接和固定方式如图 1-55 所示，有以下几种：

1）编结连接，如图 1-55（*a*）所示，编结长度不应小于钢丝绳直径的 15 倍，且不应小于 300mm；连接强度不小于 75％钢丝绳破断拉力。

2）楔块、楔套连接，如图 1-55（*b*）所示，钢丝绳一端绕过楔块，利用楔块在套筒内的锁紧作用使钢丝绳固定。固定处的强度约为绳自身强度的 75％～85％。楔套应用钢材制造，连接强度不小于 75％钢丝绳破断拉力。

3）锥形套浇铸法，如图 1-55（*c*）、（*d*）所示，先将钢丝绳

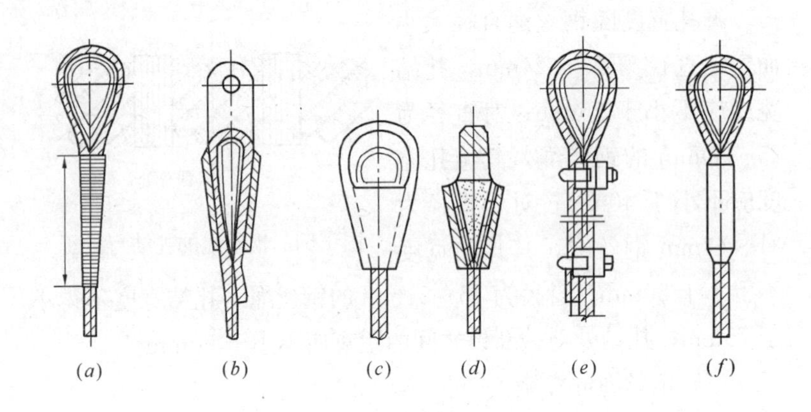

图 1-55　钢丝绳固定与连接

(*a*) 编结连接；(*b*) 楔块、楔套连接；(*c*)、(*d*) 锥形套浇铸法；(*e*) 绳夹连接；(*f*) 铝合金套压缩法

拆散，切去绳芯后插入锥套内，再将钢丝绳末端弯成钩状，然后灌入熔融的铅液，最后经过冷却即成。

4）绳夹连接，如图 1-55（*e*）所示，绳夹连接简单、可靠，被广泛应用。用绳夹（图 1-56）固定时，应注意绳夹数量、绳夹间距、绳夹的方向和固定处的强度；连接强度不小于 85％钢丝绳破断拉力；绳夹数量应根据钢丝绳直径满足表 1-8 的要求；绳卡压板应在钢丝绳长头一边，绳卡间距不应小于钢丝绳直径的 6 倍。

钢 丝 绳 夹 数 量　　　　**表 1-8**

绳夹规格（钢丝绳直径，mm）	≤18	18～26	26～36	36～44	44～60
绳夹最少数量（个）	3	4	5	6	7

5）铝合金套压缩法，如图 1-55（*f*）所示，钢丝绳末端穿过锥形套筒后松散钢丝，将头部钢丝弯成小钩，浇入金属液凝固而成。其连接应满足相应的工艺要求，固定处的强度与钢丝绳自身的强度大致相同。

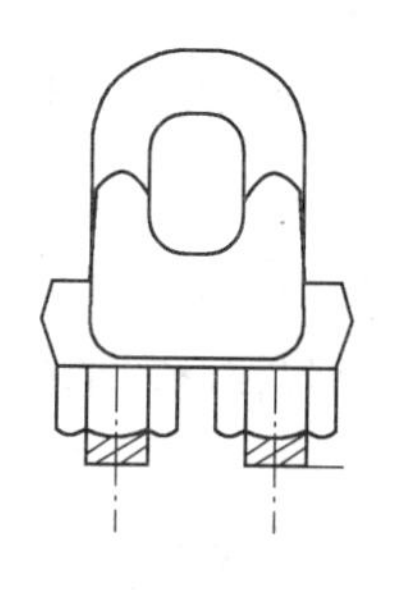
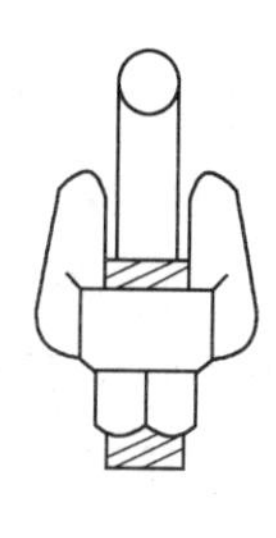

图 1-56　钢丝绳夹

（9）钢丝绳的使用和维护

1）钢丝绳在卷筒上，应按顺序整齐排列。

2）载荷由多根钢丝绳承受时，应设有各根钢丝绳受力的均衡装置。

3）起升机构和变幅机构，不得使用编结接长的钢丝绳。使用其他方法接长钢丝绳时，必须保证接头连接强度不小于钢丝绳破断拉力的 90%。

4）起升高度较大的起重机，宜采用不旋转、无松散倾向的钢丝绳。采用其他钢丝绳时，应有防止钢丝绳和吊具旋转的装置或措施。

5）当吊钩处于工作位置最低点时，钢丝绳在卷筒上的缠绕，除固定绳尾的圈数外，必须不少于 3 圈。

6）应防止损伤、腐蚀或其他物理、化学因素造成的性能降低。

7）钢丝绳开卷时，应防止打结或扭曲；钢丝绳切断时，应有防止绳股散开的措施。

8）安装钢丝绳时，不应在不洁净的地方拖线，也不应缠绕在其他物体上，应防止划、磨、碾、压和过度弯曲。

9）领取钢丝绳时，必须检查该钢丝绳的合格证，以保证机械性能、规格符合设计要求。

10）对日常使用的钢丝绳每天都应进行检查，包括对端部的固定连接、平衡滑轮处的检查，并作出安全性的判断。

（10）钢丝绳的润滑

1）钢丝绳应保持良好的润滑状态。所用润滑剂应符合该绳的要求，并且不影响外观检查。润滑时，应特别注意不易看到和润滑剂不易渗透到的部位，如平衡滑轮处的钢丝绳。

2）对钢丝绳定期进行系统润滑，可保证钢丝绳的性能，延长使用寿命。润滑之前，应将钢丝绳表面上积存的污垢和铁锈清除干净，最好是用镀锌钢丝刷将钢丝绳表面刷净。钢丝绳表面越干净，润滑油脂就越容易渗透到钢丝绳内部去，润滑效果就越好。钢丝绳润滑的方法有刷涂法和浸涂法。刷涂法就是人工使用专用的刷子，把加热的润滑脂涂刷在钢丝绳的表面上。浸涂法就是将润滑脂加热到60℃，然后使钢丝绳通过一组导辊装置被张紧，同时使之缓慢地在容器里熔融的润滑脂中通过。某些特定设备所用钢丝绳必须符合其设备的特殊要求，如高处作业吊篮用钢丝绳必须使用规定的特制钢丝绳，靠摩擦提升的钢丝绳和安全钢丝绳不得沾油。

（11）钢丝绳的检验检查

由于起重钢丝绳在使用过程中经常、反复受到拉伸、弯曲，当拉伸、弯曲的次数超过一定数值后，会使钢丝绳出现一种叫“金属疲劳”的现象，于是钢丝绳开始很快地损坏。同时，当钢丝绳受力伸长时，钢丝绳之间产生磨擦，绳与滑轮槽底、绳与起吊件之间的磨擦等，使钢丝绳使用一定时间后就会出现磨损、断丝现象。此外，由于使用、贮存不当，也可能造成钢丝绳的扭结、退火、变形、锈蚀、表面硬化、松捻等。钢丝绳在使用期间，一定要按规定进行定期检查，及早发现问题，及时保养或者更换报废，保证钢丝绳的安全使用。钢丝绳的检查包括外部检查与内部检查两部分。

1）钢丝绳外部检查

①直径检查：直径是钢丝绳极其重要的参数。通过对直径测量，可以反映该处直径的变化速度、钢丝绳是否受到过较大的冲击载荷、捻制时股绳张力是否均匀一致、绳芯对股绳是否保持了足够的支撑能力。钢丝绳直径应用带有宽钳口的游标卡尺测量。其钳口的宽度要足以跨越两个相邻的股，如图 1-57 所示。

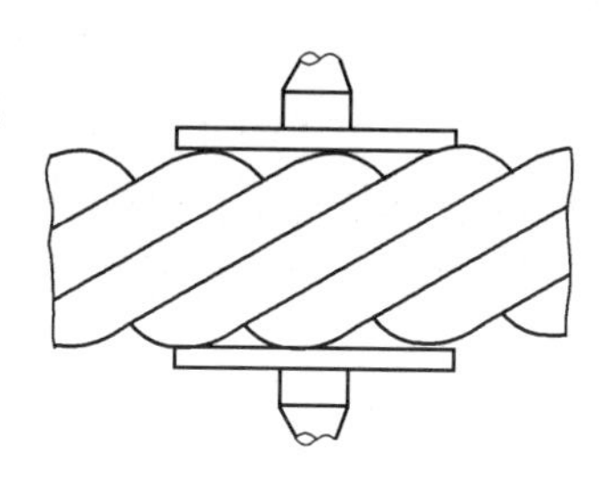

图 1-57　钢丝绳直径测量方法

②磨损检查：钢丝绳在使用过程中产生磨损现象不可避免。通过对钢丝绳磨损检查，可以反映出钢丝绳与匹配轮槽的接触状况，在无法随时进行性能试验的情况下，根据钢丝磨损程度的大小推测钢丝绳实际承载能力。钢丝绳的磨损情况检查主要靠目测。

③断丝检查：钢丝绳在投入使用后，肯定会出现断丝现象，尤其是到了使用后期，断丝发展速度会迅速上升。由于钢丝绳在使用过程中不可能一旦出现断丝现象即停止继续运行，因此，通过断丝检查，尤其是对一个捻距内断丝情况检查，不仅可以推测钢丝绳继续承载的能力，而且根据出现断丝根数发展速度，间接预测钢丝绳使用疲劳寿命。钢丝绳的断丝情况检查主要靠目测计数。

④润滑检查：通常情况下，新出厂钢丝绳大部分在生产时已经进行了润滑处理，但在使用过程中，润滑油脂会流失减少。鉴于润滑不仅能够对钢丝绳在运输和储存期间起到防腐保护作用，而且能够减少钢丝绳使用过程中钢丝之间、股绳之间和钢丝绳与匹配轮槽之间的摩擦，对延长钢丝绳使用寿命十分有益，因此，为把腐蚀、摩擦对钢丝绳的危害降低到最低程度，进行润滑检查十分必要。钢丝绳的润滑情况检查主要靠目测。

2）钢丝绳内部检查

对钢丝绳进行内部检查要比进行外部检查困难得多，但由于内部损坏（主要由锈蚀和疲劳引起的断丝）隐蔽性更大，因此，为保证钢丝绳安全使用，必须在适当的部位进行内部检查。

如图 1-58 所示，检查时将两个尺寸合适的夹钳相隔 100～200mm 夹在钢丝绳上反方向转动，股绳便会脱起。操作时，必须十分仔细，以避免股绳被过度移位造成永久变形（导致钢丝绳结构破坏）。

图 1-58　对一段连续钢丝绳做内部检验（张力为零）

如图 1-59 所示，小缝隙出现后，用螺钉旋具之类的探针拨动股绳并把妨碍视线的油脂或其他异物拨开，对内部润滑、钢丝锈蚀、钢丝及钢丝间相互运动产生的磨痕等情况进行仔细检查。检查断丝，一定要认真，因为钢丝断头一般不会翘起而不容易被

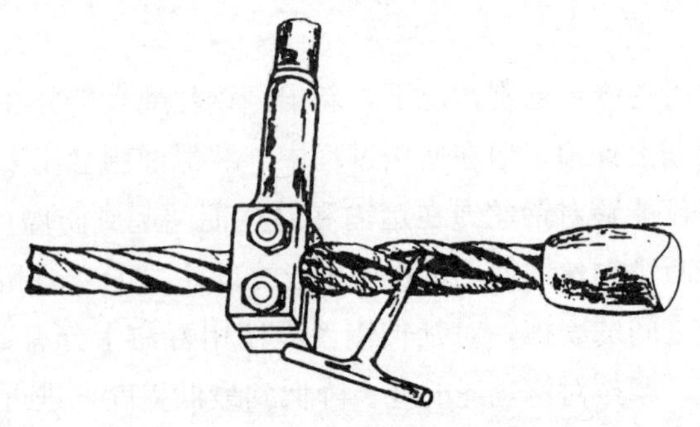

图 1-59　对靠近绳端装置的钢丝绳尾部做内部检验（张力为零）

发现。检查完毕后，稍用力转回夹钳，以使股绳完全恢复到原来位置。如果上述过程操作正确，钢丝绳不会变形。对靠近绳端的绳段特别是对固定钢丝绳应加以注意，诸如支持绳或悬挂绳。

3）钢丝绳使用条件检查

前面叙述的检查仅是对钢丝绳本身而言，这只是保证钢丝绳安全使用要求的一个方面。除此之外，还必须对与钢丝绳使用的外围条件——匹配轮槽的表面磨损情况、轮槽几何尺寸及转动灵活性进行检查，以保证钢丝绳在运行过程中与其始终处于良好的接触状态、运行摩擦阻力最小。

（12）钢丝绳的报废

钢丝绳经过一定时间的使用，其表面的钢丝发生磨损和弯曲疲劳，使钢丝绳表层的钢丝逐渐折断，折断的钢丝数量越多，其他未断的钢丝承担的拉力越大，疲劳与磨损愈甚，促使断丝速度加快，这样便形成恶性循环。当断丝发展到一定程度，保证不了钢丝绳的安全性能，届时钢丝绳不能继续使用，则应予以报废。钢丝绳的报废还应考虑磨损、腐蚀、变形等情况。钢丝绳的报废应考虑以下项目：

1）钢丝的性质和数量。

2）绳端断丝。

3）断丝的局部聚集。

4）断丝的增加率。

5）绳股断裂。

6）绳径减小。

7）弹性降低。

8）外部磨损。

9）外部及内部腐蚀。

10）变形。

11）由于受热或电弧引起的破坏。

12）永久伸长的增加率。

钢丝绳的损坏往往是由于多种因素综合累计造成的，国家对钢丝绳的报废有明确的标准，具体标准见附录1《起重机用钢丝绳检验和报废实用规范》（GB/T 5972—2006）。

（13）钢丝绳计算

在允许的拉力范围内使用钢丝绳，是确保钢丝绳使用安全的重要原则。因此，根据现场情况计算钢丝绳的受力，对于选用合适的钢丝绳显得尤为重要。钢丝绳的允许拉力与其最小破断拉力、工作环境下的安全系数相关联。

1）安全系数

在钢丝绳受力计算和选择钢丝绳时，考虑到钢丝绳受力不均、负荷不准确、计算方法不精确和使用环境较复杂等一系列不利因素，应给予钢丝绳一个储备能力。因此，确定钢丝绳的受力时必须考虑一个系数，作为储备能力，这个系数就是选择钢丝绳的安全系数。起重用钢丝绳必须预留足够的安全系数，是基于以下因素确定的：

①钢丝绳的磨损、疲劳破坏、锈蚀、不恰当使用、尺寸误差、制造质量缺陷等不利因素带来的影响。

②钢丝绳的固定强度达不到钢丝绳本身的强度。

③由于惯性及加速作用（如启动、制动、振动等）而造成的附加载荷的作用。

④由于钢丝绳通过滑轮槽时的摩擦阻力作用。

⑤吊重时的超载影响。

⑥吊索及吊具的超重影响。

⑦钢丝绳在绳槽中反复弯曲而造成的危害的影响。

钢丝绳的安全系数是不可缺少的安全储备，绝不允许凭借这种安全储备而擅自提高钢丝绳的最大允许安全荷载，钢丝绳的安全系数见表1-9（吊篮安全系数≥9）。

钢丝绳的安全系数 **表 1-9**

用途	安全系数	用途	安全系数
作缆风	3.5	作吊索（无弯曲时）	6～7
用于手动起重设备	4.5	作捆绑吊索	8～10

2）钢丝绳的最小破断拉力

钢丝绳的最小破断拉力与钢丝绳的直径、结构（几股几丝及芯材）及钢丝的强度有关，是钢丝绳最重要的力学性能参数，其计算公式如下：

$$F_0 = \frac{K' D^2 R_0}{1000} \tag{1-9}$$

式中 F_0——钢丝绳最小破断拉力（kN）；

D——钢丝绳公称直径（mm）；

R_0——钢丝绳公称抗拉强度（MPa）；

K'——指定结构钢丝绳最小破断拉力系数。

钢丝绳的最小破断拉力可以通过查询钢丝绳质量证明书或力学性能表得到。

3）钢丝绳的允许拉力

允许拉力是钢丝绳实际工作中所允许的实际载荷，其与钢丝绳的最小破断拉力和安全系数关系式为：

$$[F] = \frac{F_0}{K} \tag{1-10}$$

式中 $[F]$——钢丝绳允许拉力（kN）；

F_0——钢丝绳最小破断拉力（kN）；

K——钢丝绳的安全系数。

【例 1-2】 一规格为 6×19S+FC 钢丝绳，公称抗拉强度为 1750MPa，直径为 16mm。试确定使用单根钢丝绳所允许吊起的重物的最大重量。

【解】 已知钢丝绳规格为 6×19S+FC，R_0＝1750MPa，D

$=16mm$。

查《重要用途钢丝绳》（GB 8918—2006）中表 10 可知，F_0 $=133kN$。

根据题意，该钢丝绳属于用作捆绑吊索，查表 1-9 知，$K=8$，根据式（1-10），得

$$[F]=\frac{F_0}{K}=\frac{133}{8}=16.625kN$$

该钢丝绳作捆绑吊索所允许吊起的重物的最大重量为 16.625kN。

在起重作业中，钢丝绳所受的应力很复杂，虽然可用数学公式进行计算，但因实际使用场合下计算时间有限，且也没有必要算得十分精确。因此，人们常用估算法计算破断拉力：

破断拉力

$$Q\approx 50D^2 \tag{1-11}$$

使用拉力

$$P\approx \frac{50D^2}{K} \tag{1-12}$$

式中 Q——公称抗拉强度 1570MPa 时的破断拉力（kg）；

P——钢丝绳使用近似拉力（kg）；

D——钢丝绳直径（mm）；

K——钢丝绳的安全系数。

【例 1-3】 选用一根直径为 16mm 的钢丝绳，用于吊索，设定安全系数为 8。试问它的破断力和使用拉力各为多少？

【解】 已知 $D=16mm$，$K=8$，得：

$$Q\approx 50D^2=50\times 16^2\approx 12800kg$$

$$P\approx \frac{50D^2}{K}=\frac{50\times 16^2}{8}=1600kg$$

该钢丝绳的破断拉力为 12800kg，允许使用拉力为 1600kg。

2 高处作业吊篮概述

2.1 高处作业吊篮的特点及其发展

2.1.1 高处作业吊篮的特点

高处作业吊篮是悬挂机构架设于建筑物或构筑物上，提升机驱动悬吊平台通过钢丝绳沿立面上下运行的一种非常设悬挂设备，其特点有：

（1）高处作业吊篮悬吊平台由柔性的钢丝绳吊挂，与墙体或地面没有固定的连接。它不同于桥式脚手架靠附墙的立柱支撑，也不同于升降平台靠固定于地面的下部臂杆支撑。高处作业吊篮对建筑物墙面无承载要求，且拆除后无需再对墙面进行修补。

（2）高处作业吊篮是由吊架演变发展而来的，适用于施工人员就位安装和暂时堆放必要的工具及少量材料，它不同于施工升降机或施工用卷扬机，施工组织设计时，不能把高处作业吊篮作为运送建筑材料及人员的垂直运输设备。

（3）高处作业吊篮配有提升机构，驱动悬吊平台上下运动达到所需的工作高度，其架设比较方便，省时省力，施工成本较低。

（4）高处作业吊篮是由钢丝绳悬挂牵引，因此采取措施后也能用于倾斜的立面或曲面，如大坝或冷却塔等构筑物。

（5）由于高处作业吊篮是由钢丝绳悬挂牵引，施工过程中悬吊平台的稳定性较差。

2.1.2 高处作业吊篮的发展

高处作业吊篮是由吊架演变发展而来的。早在 20 世纪 60 年代，我国已在少数重点工程上使用吊架，20 世纪 70 年代初吊架应用面逐渐扩大，20 世纪 70 年代中期出现了双层式吊架，如图 2-1 所示，可容四人操作。吊架的操作平台采用钢管扣件搭成，以电动葫芦或手动葫芦为提升机构，备有安全绳及护墙轮。

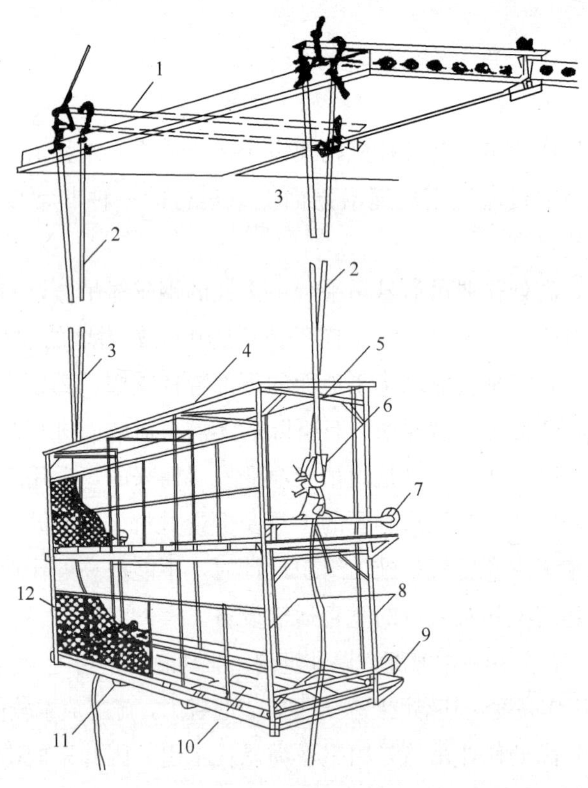

图 2-1　双层式吊架

1—工字钢挑梁；2—安全绳；3—吊篮绳；4—顶板；
5—穿绳孔；6—手扳葫芦；7—护墙轮；8—吊架；9—活动翻板；
10—木底板；11—底盘架；12—护身栏杆及网

20世纪80年代初期，吊架悬吊平台的驱动由设置在建（构）筑物上部的卷扬机滑轮组完成，悬吊平台由型钢焊接组成，这就是早期的高处作业吊篮。20世纪80年代中期，通过吸收国外高处作业吊篮的有关技术，开发出了高处作业吊篮专用提升机，增加了安全装置，进一步完善和提高了产品质量和安全性能。随着高处作业吊篮使用量的日益增加，为了规范高处作业吊篮的设计、加工、生产、试验和使用，促进行业更好的发展，建设部于1992～1993年间颁布了《高处作业吊篮》、《高处作业吊篮用安全锁》、《高处作业吊篮用提升机》、《高处作业吊篮性能试验方法》、《高处作业吊篮安全规则》五部行业标准，2003年，上述标准修订升级为国家标准《高处作业吊篮》（GB 19155—2003），对高处作业吊篮作了进一步的规范。

随着我国建筑业的快速发展，高层建筑的增多，高处作业吊篮使用越来越普遍。进入21世纪，高处作业吊篮制造业进入了一个高速发展的时期，据不完全统计，高处作业吊篮的专业制造厂家从1999年底的20多家，到2008年底已经发展到近百家。从高处作业吊篮技术发展方面来看，新的产品层次不穷，新产品在操作简便、使用可靠等方面都有了提高，其发展趋势有以下几方面：

（1）轻型化。采用铝合金悬吊平台及轻巧的提升机、安全锁、悬挂机构。

（2）安全装置标准化。按照规范要求配置齐全有效的安全装置。

（3）控制系统自动化。如悬吊平台自动调平装置，多点精确限载装置，工作状态自动显示与故障自动报警装置等。

2.1.3 吊篮的主要用途

（1）高层及多层建筑的外墙的装饰装修施工。

（2）高层及多层建筑的外墙清洗、保养及维修。

（3）大型罐体、大型烟囱、水坝、桥梁、油库等检查、保养和维修。

（4）大型船舶的油漆、清洗及维修。

（5）楼宇电梯的安装。

（6）大型或高处广告的制作安装等。

2.2 高处作业吊篮的类型和组成

2.2.1 名词术语

（1）悬吊平台：四周装有护栏，用于搭载作业人员、工具和材料进行高处作业的悬挂装置。

（2）悬挂机构：架设于建筑物或构筑物上，通过钢丝绳悬挂悬吊平台的机构，如图 2-2 所示。

图 2-2 悬挂机构

（3）提升机：使悬吊平台上下运行的装置，如图 2-3 所示。

图 2-3　提升机

（4）安全锁：当悬吊平台下滑速度达到锁绳速度或悬吊平台倾斜角度达到锁绳角度时，能自动锁住安全钢丝绳，使悬吊平台停止下滑或倾斜的装置，如图 2-4 所示。

（5）锁绳速度：安全锁开始锁住安全钢丝绳时，钢丝绳与安全锁之间的相对瞬时速度。

（6）锁绳角度：安全锁自动锁住安全钢丝绳使悬吊平台停止倾斜时的角度。

（7）自由坠落锁绳距离：悬吊平台从自由坠落开始到安全锁锁住钢丝绳时相对于钢丝绳的下降距离。

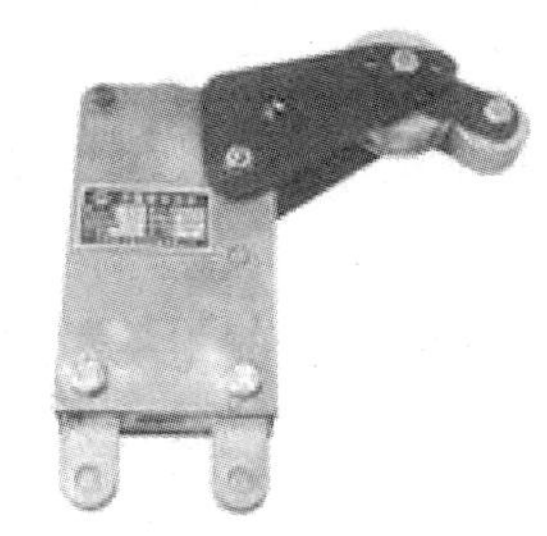

图 2-4　安全锁

（8）有效标定期：安全锁在规定相邻两次标定的时间间隔。

（9）安全绳（生命绳）：独立悬挂在建筑物顶部，通过自锁钩、安全带与作业人员连在一起，防止作业人员坠落的绳索。

（10）额定载重量：悬吊平台允许承受的最大有效载重量。

（11）额定速度：悬吊平台在额定载重量下升降的速度。

（12）限位装置：限制运动部件或装置超过预设极限位置的装置。

2.2.2　吊篮分类和型号

（1）吊篮分类

1）吊篮按驱动形式分为手动式、电动式和气动式，如图2-5、图2-6所示。

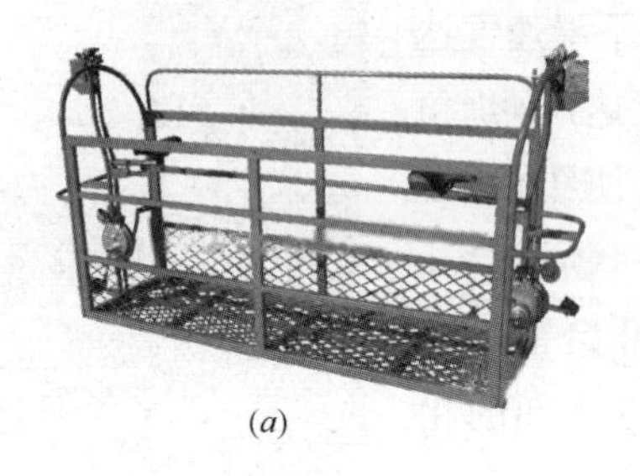
(a)

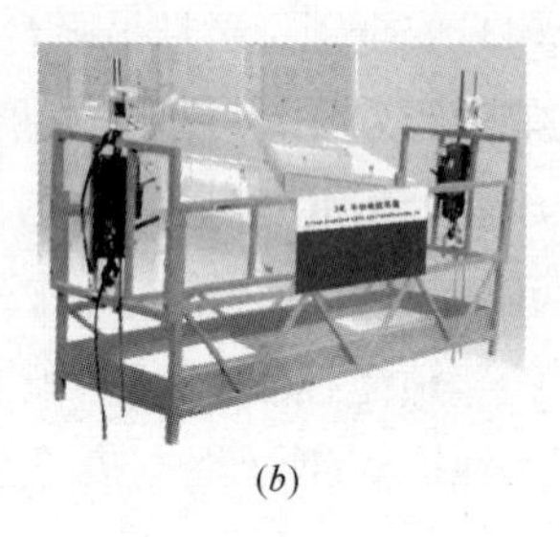
(b)

图2-5　手动吊篮

(a) 脚蹬式；(b) 手扳式

图2-6　电动式吊篮

2）吊篮按特性分为爬升式和卷扬式。

3）吊篮按悬吊平台结构分为单层、双层、三层。

（2）吊篮主参数及主参数系列

高处作业吊篮的主参数用额定载重量表示，主参数系列见表2-1。

主参数系列　　**表2-1**

名　称	单　位	主　参　数　系　列
额定载重量	kg	100、150、200、250、300、350、400、500、630、800、1000、1250

（3）吊篮型号

1）高处作业吊篮型号由类、组、型代号、特性代号和主参数代号及更新型代号组成。

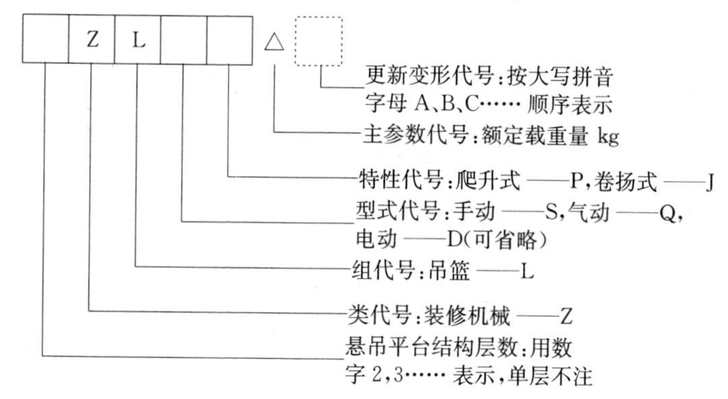

2）标记示例：

①高处作业吊篮 ZLP500，是指额定载重量 500kg，电动、单层、爬升式高处作业吊篮。

②高处作业吊篮 2ZLP800A，是指额定载重量 800kg，电动、双层、爬升式高处作业吊篮第一次变型产品。

③高处作业吊篮 ZLJ400，是指额定载重量 400kg，电动、单层卷扬式高处作业吊篮。

④高处作业吊篮 ZLSP300，是指额定载重量 300kg，手动、单层爬升式高处作业吊篮。

2.2.3 高处作业吊篮性能参数

国内几种常见的高处作业吊篮性能参数见表 2-2。

常见高处作业吊篮性能参数表 **表 2-2**

参数		ZLP300	ZLP630	ZLP800	ZLP1000
额定载重量（kg）		300	630	800	1000
升降速度（m/min）		6	9～11	8～9	8～10
悬吊平台尺寸（m）		≤6	≤6	≤7.5	≤7.5
钢丝绳直径（mm）		8	8.3	8.6	9.1
电动机功率（kW）		0.5×2	1.5×2	2.2×2	3.0×2
安全锁	锁绳速度（离心式）	25m/min	—	—	
	锁绳角度（摆臂式）	—	3°～8°	3°～8°	3°～8°
整机自重（kg）		800	950	1000	1020

3 高处作业吊篮构造及工作原理

高处作业吊篮，一般由悬吊平台、提升机、悬挂机构、安全锁、钢丝绳、绳坠铁、警示标志等部件及配件组成。电动高处作业吊篮还有限位止档、电缆、电气控制箱等部件，如图 3-1 所示。

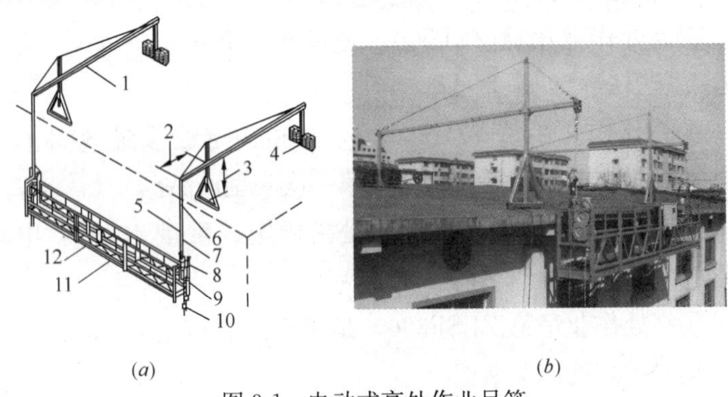

(*a*)　(*b*)

图 3-1　电动式高处作业吊篮

(*a*) 示意图；(*b*) 实物图

1—悬挂机构；2—前梁伸出长度；3—调节高度；4—配重；5—工作钢丝绳；6—上限位块；7—安全钢丝绳；8—安全锁；9—提升机；10—重锤；11—悬吊平台；12—电气控制箱

3.1 悬吊平台

3.1.1 常用悬吊平台

(1) 吊点设在平台两端的悬吊平台，是目前使用最广泛的悬吊平台，如图 3-2 所示。

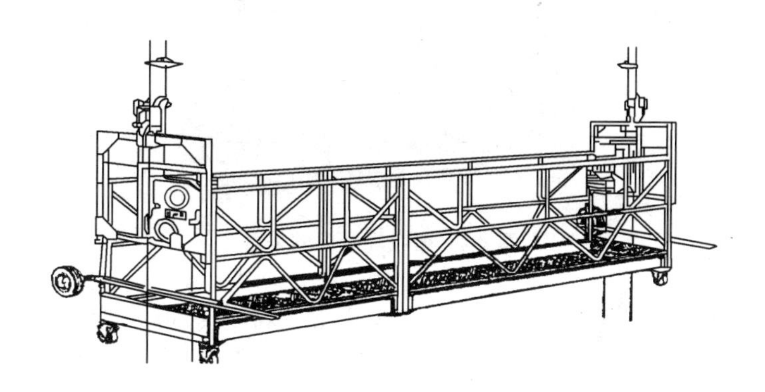

图 3-2 吊点在两端的平台

(2) 吊点在外侧面的悬吊平台

吊点位于悬吊平台外侧，主要适用于较长的悬吊平台或架设悬挂机构受限制的场合，如图 3-3 所示。

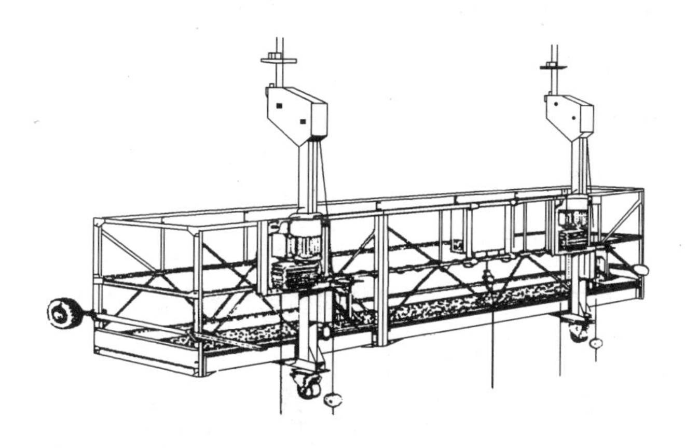

图 3-3 吊点在外侧的平台

(3) 带收绳卷筒的悬吊平台

在普通悬吊平台上增加收卷钢丝绳的卷筒，它可以避免钢丝绳对建筑物墙面的碰刮，如图 3-4 所示。

图 3-4　带收绳卷筒的平台

图 3-5　单吊点悬吊平台

3.1.2　特殊悬吊平台

(1) 单吊点平台

悬吊平台由单台提升机驱动，主要适用于狭小的空间进行作业，如图 3-5 所示。

(2) 圆形平台

主要适用于弧形建筑物施工，如粮仓、煤井、大型罐体、烟筒施工及锅炉维修保养等，如图 3-6 所示。

(3) 多层平台

由多个单层平台组合而成。主要适用于多工序流水作业，并且可提高悬吊平台的稳定性。图 3-7 所示为一双层悬吊平台。

图 3-6　圆形悬吊平台

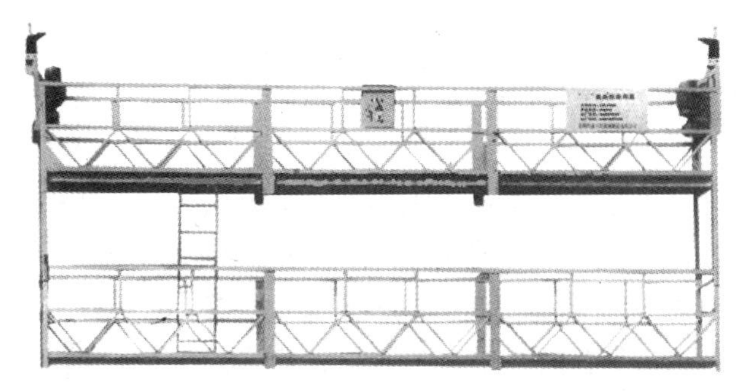

图 3-7　双层悬吊平台

(4) 转角平台

主要适用于桥墩等柱形构筑物的作业，如图 3-8 所示。

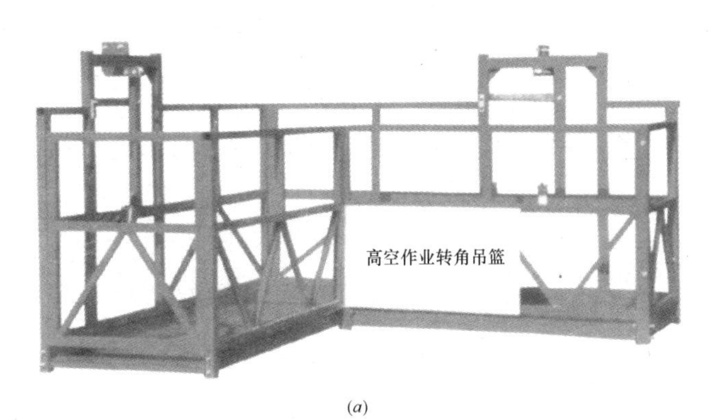

(*a*)

(*b*)

图 3-8　转角平台

(*a*) 转角悬吊平台；(*b*) 转角悬吊平台施工作业

3.1.3 悬吊平台的安全技术要求

（1）悬吊平台四周应装有固定式的安全护栏，护栏应设有腹杆，工作面的护栏高度不应低于 0.8m，其余部位则不应低于 1.1m，护栏应能承受 1000N 的水平集中荷载。

（2）悬吊平台内工作宽度不应小于 0.4m，并应设置防滑底板，底板有效面积不小于 0.25m²/人，底板排水孔直径最大为 10mm。

（3）悬吊平台底部四周应设有高度不小于 150mm 挡脚板，挡脚板与底板间隙不大于 5mm。

（4）悬吊平台在工作中的纵向倾斜角度不应大于 8°。

（5）悬吊平台上应醒目地注明额定载重量及注意事项。

（6）悬吊平台上应设有操纵用按钮开关，操纵系统应灵敏可靠。

（7）悬吊平台应设有靠墙轮，或导向装置，或缓冲装置。

3.2 提升机

3.2.1 提升机的分类

提升机通常可分以下几种类型：

- 提升机
  - 卷扬式（上卷扬、下卷扬）
  - 爬升式
    - "α" 式卷绳
    - "S" 式卷绳

3.2.2 提升机的结构及工作原理

提升机一般由电动机、制动器、减速器、绳轮（或卷筒）和压绳机构等构成。由于高处作业吊篮高空作业的特点，又经常需要横向移位，因此提升机在设计上一般都追求自重尽可能轻，以提高悬吊平台有效载重量，并减轻在搬运、安装时的劳动强度。

（1）卷扬式提升机

1）卷扬式提升机结构和原理

卷扬式提升机是通过卷筒收卷钢丝绳或释放钢丝绳，使悬吊平台得以升降。主要由电动机、卷筒、制动器、减速器、导向轮等构成。

提升机减速器一般采用蜗轮减速系统或行星减速系统。采用行星减速可将其设置在卷筒内以减小体积，形成一套小型而完整的设备，如图 3-9 所示。

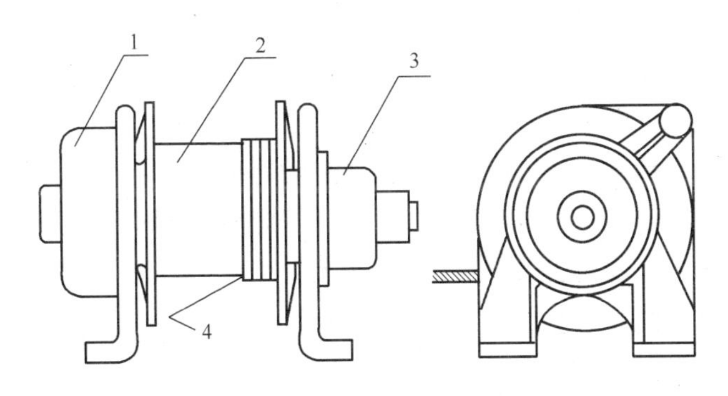

图 3-9 卷扬式提升机

1—电动机；2—卷筒；3—制动器；4—吊绳

提升机的制动器是控制吊篮上下运动的重要组成部分，它可以使悬吊平台可靠停止在工作位置，或在下降过程中保持或控制下降的速度。卷扬式提升机制动系统一般采用闸瓦式制动器，如

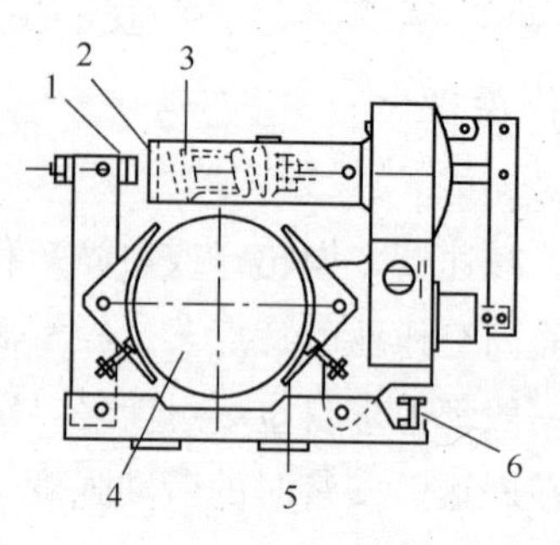

图 3-10　闸瓦式制动器

1—行程调节螺母；2—弹簧支架；3—制动弹簧；4—刹车鼓；5—刹车片；6—左右开口调节螺母

图 3-10 所示。其工作原理是：当电机接入电源时，制动器的电磁线圈同时接通电源，由于电磁吸力作用，电磁铁吸引衔铁并压缩弹簧，刹车片与刹车轮脱开，电机运转。当切断电源，制动器电磁铁失去电磁吸力，弹簧力推动刹车片压紧刹车轮，在摩擦力矩的作用下，电机立即停止转动。

2）卷扬式提升机的安全技术要求

①禁止使用摩擦传动、带传动和离合器。

②每个吊点必须设置两根独立的钢丝绳。当其中一根失效时，保证悬吊平台不发生倾斜和坠落。

③必须设置手动升降机构。当停电或电源故障时，作业人员能安全撤离。

④必须设置限位保护装置，当悬吊平台到达上下极限位置时，应能立即停止。

⑤卷扬式起升机构必须配备主制动器和后备制动器。主制动器应为常闭式，在停电和紧急状态下，应能手动打开制动器，后备制动器（或超速保护装置）必须独立于主制动器，在主制动器失效时能使悬吊平台在 1m 的距离内可靠停住。制动器应动作准确、可靠，便于检修和调整。

⑥多层缠绕的卷筒，在悬吊平台处于最高位置时，卷筒两侧缘的高度应超过最外层钢丝绳，其超出高度不应小于钢丝绳直径的 2.5 倍。

⑦钢丝绳的固定装置应安全可靠，并易于检查，在悬吊平台最低位置时，卷筒上的钢丝绳安全圈数不应小于 3 圈；在保留 3

圈的状态下，应能承受 1.25 倍钢丝绳额定拉力。

⑧必须设置钢丝绳的防松装置，当钢丝绳发生松弛、乱绳、断绳时，卷筒应立即停止转动。

⑨钢丝绳在卷筒上应排列整齐，钢丝绳绕进或绕出卷筒时，偏离卷筒轴线垂直平面的角度，对有螺旋槽卷筒不应大于 4°；对光面卷筒或多层缠绕卷筒不应大于 2°，如大于 2°时应设置排绳机构。排绳机构应使钢丝绳安全无障碍地通过，并正确缠绕在卷筒上。

⑩滑轮最小卷绕直径不小于钢丝绳直径的 15 倍；滑轮槽深不应小于钢丝绳直径的 1.5 倍；滑轮上应设有防止钢丝绳脱槽装置，该装置与滑轮最外缘的间隙，不得超过钢丝绳直径的 1/5。

（2）爬升式提升机

1）分类

爬升式提升机按钢丝绳的缠绕方式不同分为“α”式绕法和“S”式绕法两种主要形式，如图 3-11、图 3-12 所示。两种缠绕方式的主要区别有：一是钢丝绳在提升机内运行的轨迹不同；二是钢丝绳在提升机内的受力不同。前者只向一侧弯曲，后者向两侧弯曲，承受交变载荷。

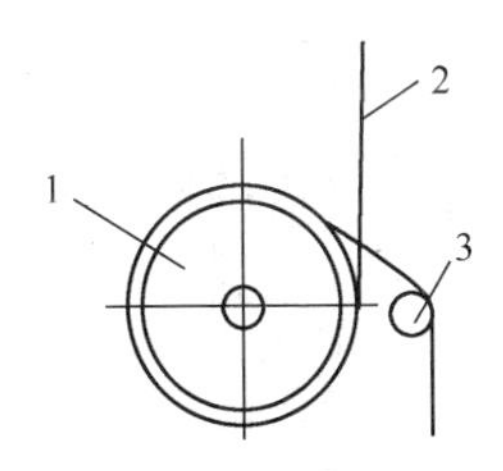

图 3-11 “α”式绕法示意图

1—绳轮；2—钢丝绳；3—导绳轮

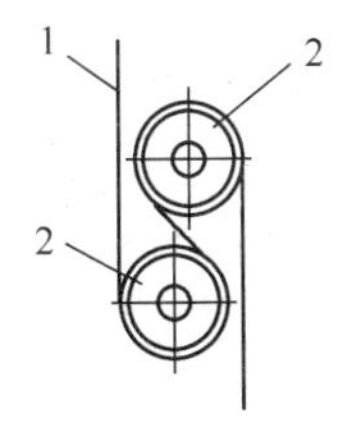

图 3-12 “S”式绕法示意图

1—钢丝绳；2—绳轮

2）工作原理

爬升式提升机的工作原理是利用绳轮与钢丝绳之间产生的摩

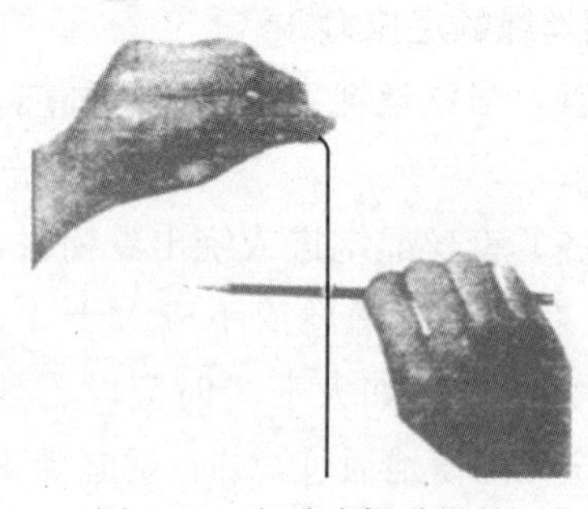

图 3-13　爬升式提升机的工作原理示意图

擦力作为悬吊平台爬升的动力，升降时钢丝绳静止不动，绳轮在其上爬行，从而带动提升机及悬吊平台整体提升。其原理就如同铅笔上缠绕线绳，线绳具有一定张紧力，铅笔和线绳间有足够的摩擦力时，转动铅笔，铅笔就可沿绳子上升，如图 3-13 所示。

3）常用爬升式提升机

①采用多级齿轮减速系统和出绳点压绳方式的“α”型提升机

如图 3-14 所示，钢丝绳从上方入绳口穿入后，经过摆杆 1 右方的导轮穿入绳轮，绕行近 1 周后，又经过压绳杆 2 下方的一组压绳轮及摆杆 1 左端的另一组压绳轮，最后穿出提升机。钢丝绳在机内呈“α”形状，故命名为“α”型提升机。

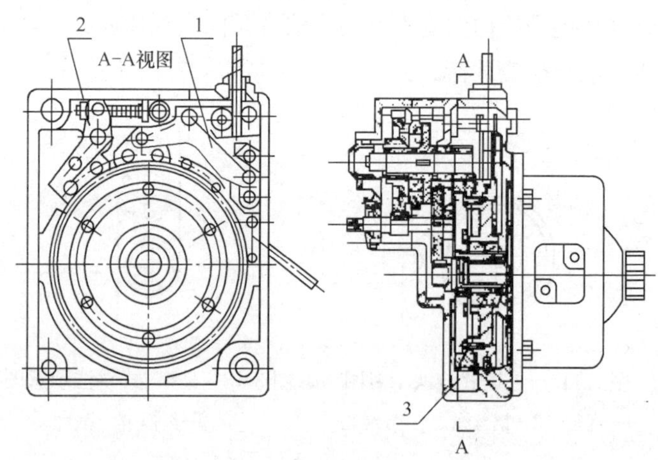

图 3-14　采用多级齿轮减速系统和出绳点压绳方式的“α”型提升机

1—摆杆；2—压绳杆；3—驱动绳轮

当提升机有载荷时，作用在钢丝绳上的力便会迫使摆杆 1 绕其上方的铰轴逆时针转动，从而用左端的一组压绳轮将钢丝绳压紧在绳轮轮槽内，再结合另一组由弹簧提供作用力的压绳轮，取得提升机所需的初始拉力。

提升机的辅助制动采用“荷载自制式”制动系统，其作用是提升机电机停止后，自动制动住荷载，使悬吊平台停止在工作位置；而电机转动则可打开制动，当电机反转时悬吊平台自重使之以控制的方式下降。在停电情况下也可以手动松开制动，使悬吊平台下降至安全地点。

提升机的驱动电机采用盘式制动电机，其制动工作原理：当电机接通电源后，定子产生轴向旋转磁场，在转子导条中感应出电流，两者相作用产生了电磁转矩，与此同时，由定子产生的磁吸力将转子轴向吸引，使转子上的盘式制动器的摩擦片与静止摩擦片相互脱离，电机在电磁转矩作用下开始转动。当电机切断电流，旋转磁场及磁吸引力同时消失，转子在制动弹簧的压力下与盘式制动器的摩擦面接触产生了摩擦力矩，使电动机停止转动，如图 3-15 所示。

盘式电机的后部设有手动松车装置，以备停电情况下，手动松开制动，利用悬吊平台自重下降。

②采用多级齿轮减速系统和链条压绳方式的“α”型提升机

如图 3-16 所示，其减速机构及制动系统与采用多级齿轮减速系统和出绳点压绳方式的“α”型提升机基本相似，区别在于其压绳的方式与之不同，是采用链条压紧的方式，将钢丝绳压紧在绳轮与链轮之间，从而取得工作所需的提升力。其链条对钢丝绳的压紧力取自载荷的分力，当提升机下端连接环上施加向下的荷载时，与连接环连接的摆块便会绕其中部的铰轴如图示方向转动，从而将链轮的端部拉紧，链条上的链轮便会产生对钢丝绳的压紧力，并且随载荷大小的变化而自动变化。

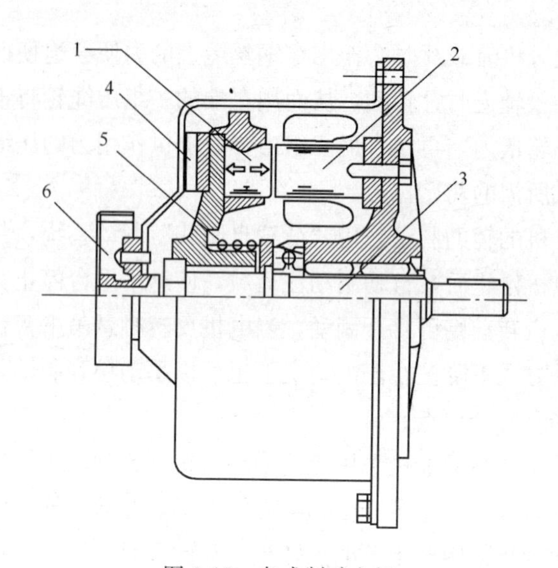

图 3-15　盘式制动电机

1—转子；2—定子；3—轴；4—摩擦片；
5—制动弹簧；6—手动松车装置

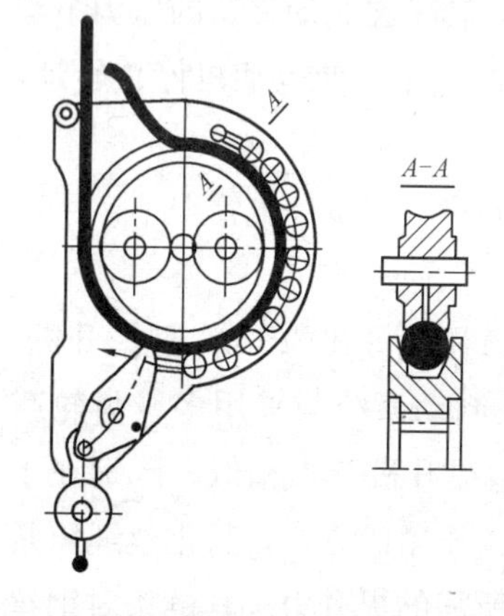

图 3-16　采用多级齿轮减速系统和链条压绳方式的“α”型提升机

③采用谐波减速系统和压盘压绳方式的“α”型提升机

提升机的压绳方式及制动系统，也采用压盘压绳方式和盘式电机制动，只是减速系统由原来的一级定轴齿轮传动加两级差动行星传动改进为谐波齿轮传动。谐波齿轮传动的特点是传动比大，零件数量少、结构紧凑、体积小，有利于提升机整机减轻重量，缩小体积。

④采用行星减速系统和出绳点压绳方式的“S”型提升机

如图 3-17 所示，提升机的减速系统由少齿差行星传动加一级直齿传动构成。电机输出轴通过偏心套 9 驱动行星轮 7 使之运动，再将动力传递给轴 8，轴 8 上小齿轮带动大齿轮（与绳轮合为一体的结构）运转。

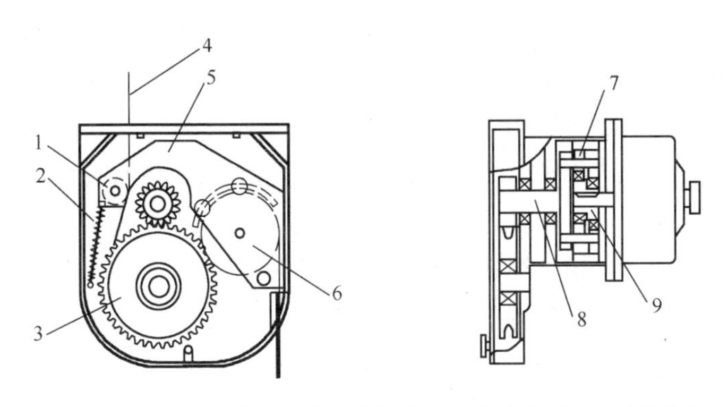

图 3-17　采用行星减速系统和出绳点压绳方式的“S”型提升机

1—小滑轮；2—弹簧；3—大齿轮；4—钢丝绳；5—连接板；6—大滑轮；7—行星轮；8—轴；9—偏心套

压绳机构由连接板 5、小滑轮 1、大滑轮 6 及下部的铰轴组成。钢丝绳 4 分别经过小滑轮 1、大齿轮 3（绳轮）及大滑轮 6 呈“S”形在提升机内缠绕，当钢丝绳 4 上有载荷时，由于钢丝绳给予小滑轮一个较小包角的作用，整个压绳机构被迫绕其下方的铰轴逆时针转动，从而带动大滑轮 6 将钢丝绳压紧在绳轮（大齿轮 3）的绳槽内，从上述可知，其压绳机构对钢丝绳压绳力完全取决于载荷的分力，并且能随载荷大小的变化而自动变化，结构简单可靠。提升机的制动系统也采用盘式制动电机。

⑤采用蜗轮蜗杆减速系统和压盘压绳方式的“S”型提升机

提升机减速系统由蜗杆、蜗轮、一级减速再加齿轮轴、大齿轮轴一级减速构成，传动平稳且减速比大，可以自锁，但传动效率较低。在电机的输入端设有限速器，当电机严重损坏或手动释放制动导致悬吊平台下降过快时，在离心力的作用下限速器的飞锤向外张开，与制动毂的内壁产生摩擦消耗能量，从而限制悬吊平台下降的速度。

制动系统采用电磁制动器，其内设有电磁线圈、摩擦盘及复位弹簧。当电机通电后，制动器的电磁线圈产生磁吸引力，使电机脱离摩擦盘的制动；断电后磁吸引力消失，在复位弹簧的作用下电机又处于制动状态。在电磁制动器上设有手动下降手柄，以备在停电状态下使用。

绕绳方式为钢丝绳进入提升机后，先由下部经过一绳轮，边绕边被压紧，随后绕过上部绳轮，边绕边放松压紧程度，最后经出绳口伸出，钢丝绳在机内呈“S”形状。在上下两绳轮上均设有压盘，通过压紧弹簧的作用将钢丝绳压紧在上下绳轮的绳槽内，以此获得提升的动力。该形式提升机多用于 ZLP800 高处作业吊篮。

⑥采用蜗轮蜗杆减速系统和压盘压绳方式的“α”型提升机

提升机由电磁制动电机、离心限速装置、两级减速系统以及卷绳机构等组成，提升机的第二级减速为内齿轮传动，提升机采用“α”绕绳方式。此种提升机多用于常见的 ZLP630 高处作业吊篮。

4）爬升式提升机的安全技术要求

①提升机传动系统在绳轮之前禁止采用离合器和摩擦传动。

②提升机绳轮直径与钢丝绳直径之比值不应小于 20。

③提升机必须设有制动器，其制动力矩应大于额定提升力矩的 1.5 倍。制动器必须设有手动释放装置，动作应灵敏可靠。

④提升机应能承受 125％额定提升力，电动机堵转转矩不低于 180％额定转矩。

⑤手动提升机必须设有闭锁装置。当提升机变换方向时，应动作准确，安全可靠。

⑥手动提升机施加于手柄端的操作力不应大于 250N。

⑦提升机应具有良好的穿绳性能，不得卡绳和堵绳。

⑧提升机与悬吊平台应连接可靠，其连接强度不应小于2倍允许冲击力。

(3) 爬升式提升机与卷扬式提升机区别

爬升式提升机与卷扬式提升机最大的区别在于平台升降时，爬升式提升机不收卷或释放钢丝绳，它是靠绳轮与钢丝绳间产生的摩擦力，作为带动吊篮平台升降的动力。

3.3 安全锁

3.3.1 安全锁的分类

安全锁是保证吊篮安全工作的重要部件，当提升机构钢丝绳突然切断、悬吊平台下滑速度达到锁绳速度或悬吊平台倾斜角度达到锁绳角度时，它应迅速动作，在瞬时能自动锁住安全钢丝绳，使悬吊平台停止下滑或倾斜。按照其工作原理不同，可分为离心触发式和摆臂式防倾斜安全锁，应用最广泛的安全锁为摆臂防倾式。

3.3.2 安全锁的构造和工作原理

(1) 离心触发式安全锁

离心触发式安全锁的基本特征为具有离心触发机构。离心触发机构主要由飞块、拉簧等组成，两飞块一端铰接于轮盘上，另一端则通过拉簧相互连接，如图3-18所示。钢丝绳从导向套进入后，从两只锁块之间穿入（锁块间留有一定的间隙），穿出前与飞块轮盘联动的滑轮通过弹簧将钢丝绳压紧，以保证飞块轮盘能与钢丝绳同步运动。当吊篮下降时，飞块轮盘被钢丝绳带动旋转，当旋转速度超过设定值时，飞块就会克服拉簧的拉力向外张开，直至触发拨杆为止，由于拨杆与叉形凸轮是联动装置，而锁块是靠叉形凸轮的支承才处于张开的稳定状态。拨杆带动叉形凸轮动作后，锁块机构失去支承，靠其铰轴上扭力弹簧的作用，锁块闭合，形成钢丝绳产生自锁的状态，此后产生的锁绳力随载荷的增加而增加，以此达到将钢丝绳可靠锁紧，阻止悬吊平台进一步下滑的目的。

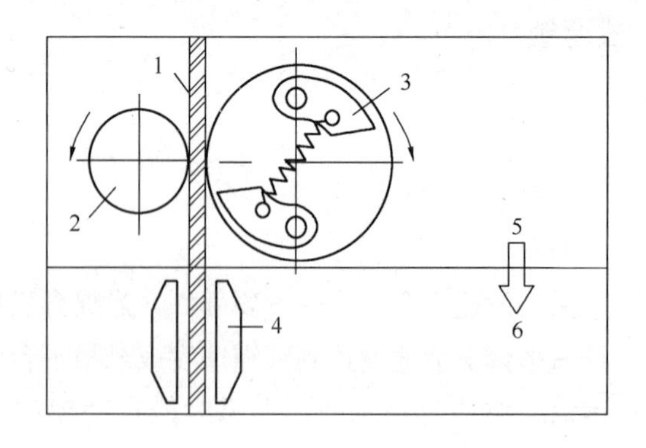

图 3-18　离心触发式安全锁工作原理示意图

1—安全钢丝绳；2—压紧轮；3—飞块；4—锁块；
5—绳送检测机构及离心触发机构；6—锁绳机构

如图 3-19 所示，为一种常用的离心触发式安全锁，由飞块、拉簧、拨杆、小拨杆、手柄、压杆、导向套、叉形凸轮、锁块、弹簧、滑轮、S形弹簧、外壳组成。其工作原理是：安全钢丝绳由入绳口穿入压紧轮与飞块转盘间，吊篮下降时，钢丝绳以摩擦力带动两轮同步逆向转动，在飞块转盘上设有飞块，当悬吊平台下降速度超过一定值时，飞块产生的离心力克服弹簧的约束力向外甩开到一定程度，触动拨杆带动锁绳机构动作，将锁块锁紧在安全钢丝绳上，从而使悬吊平台整体停止下降。锁绳机构可以有多种形式，如楔块式、凸轮式等，一般均设计为自锁形式。

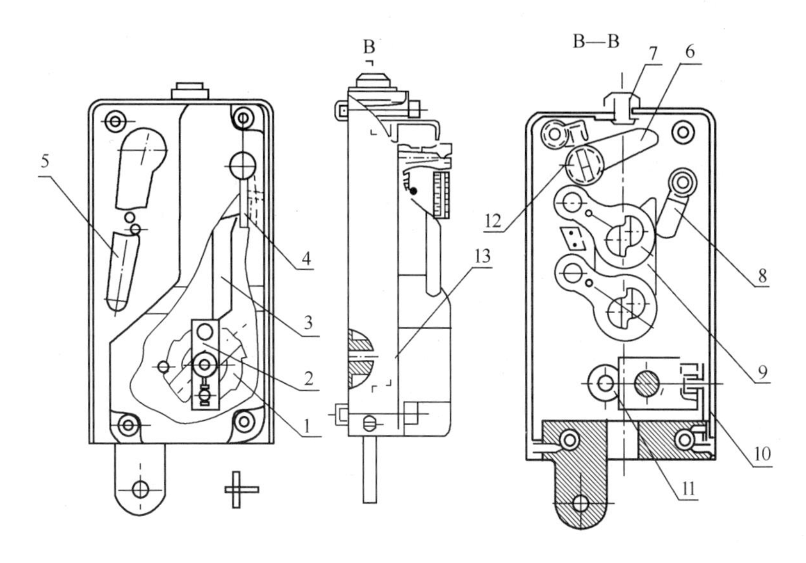

图 3-19　离心触发式安全锁构造原理图

1—飞块；2—拉簧；3—拨杆；4—小拨杆；5—手柄；
6—压杆；7—导向套；8—叉形凸轮 ；9—锁块；
10—弹簧；11—滑轮；12—S形弹簧；13—外壳

（2）摆臂式防倾斜安全锁

摆臂式防倾斜安全锁是建立在杠杆原理基础上的，由动作控制部分和锁绳部分组成，控制部分主要零件有滚轮、摆臂、转动组件等，锁绳部分有锁夹、弹簧、套板等。防倾斜锁打开和锁紧的动作控制由工作钢丝绳的状态决定，如图 3-20 所示。当吊篮发生倾斜或工作钢丝绳断裂、松弛时，锁绳装置发生角度位置变化，从而带动执行元件使锁绳机构动作，将锁块锁紧在安全钢丝绳上。

如图 3-21 所示，为一种常用的摆臂式防倾斜安全锁，由摆臂、拨叉、锁身、绳夹、套板、弹簧、滚轮等组成。其工作原理是：吊篮正常工作时，工作钢丝绳通过防倾斜锁滚轮与限位之间

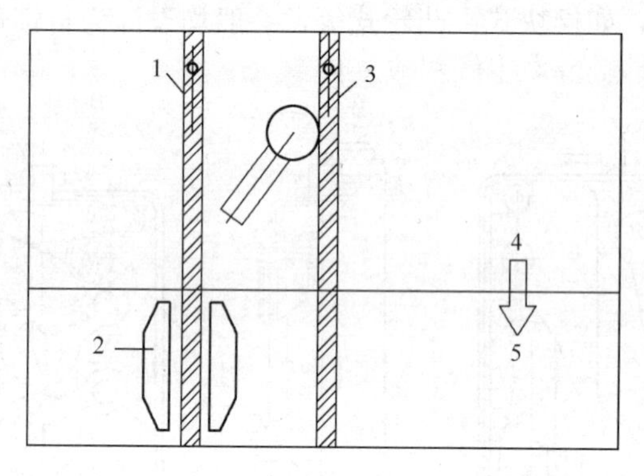

图 3-20　摆臂式防倾斜安全锁工作原理示意图

1—安全钢丝绳；2—锁块；3—工作钢丝绳；

4—角度探测机构及执行机构；5—锁绳机构

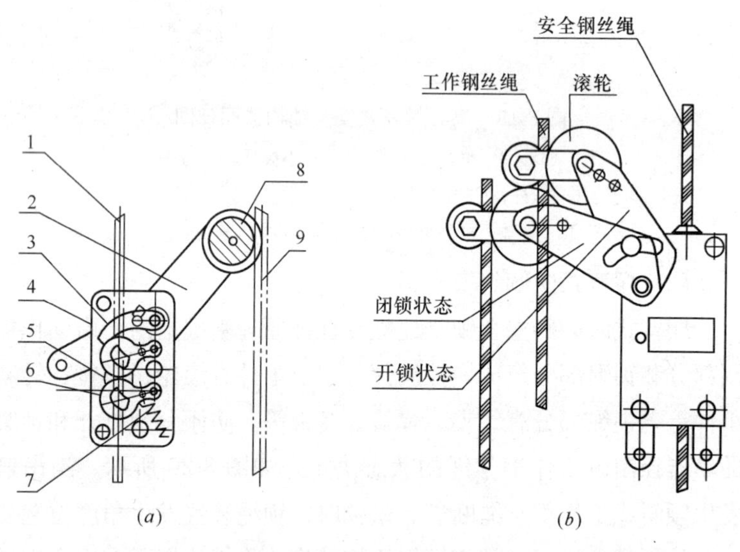

图 3-21　摆臂式防倾斜安全锁

(*a*) 结构示意图；(*b*) 工作状态示意图

1—安全钢丝绳；2—摆臂；3—拨叉；4—锁身；5—绳夹；

6—套板；7—弹簧；8—滚轮；9—工作绳

穿入提升机，并处于绷紧状态，使得滚轮和摆臂向上抬起，拨叉压下套板，绳夹处于张开状态，安全钢丝绳得以自由通过防倾斜锁。当悬吊平台发生倾斜或工作钢丝绳断裂（悬吊平台倾斜角度达到锁绳角度）时，低端或断裂处工作钢丝绳对安全锁滚轮的压力消失，绳夹在弹簧和套板的作用下夹紧安全钢丝绳，悬吊平台就停止下滑。

3.3.3 安全锁的安全技术要求

（1）对离心触发式安全锁，悬吊平台运行速度达到安全锁锁绳速度时，即能自动锁住安全钢丝绳，使悬吊平台在 200mm 范围内停住。

（2）对摆臂式防倾斜安全锁，悬吊平台工作时纵向倾斜角度大于 8°时，能自动锁住并停止运行。

（3）在锁绳状态下应不能自动复位。

（4）安全锁与悬吊平台应连接可靠，其连接强度不应小于 2 倍的允许冲击力。

（5）安全锁必须在有效标定期限内使用，有效标定期限不大于一年。

3.4 电气控制系统

3.4.1 电气控制柜

高处作业吊篮的电气控制柜有集中式和分离式两种。集中式电气控制柜在国内比较常用，所有提升机的电机电源线及行程限位的控制线全都接入一个电气控制柜，所有动作在该电气控制柜上操作，如图 3-22 所示。而分离式的则是每个提升机一个电气箱，可单机操作，也可通过集线盒并机操作。

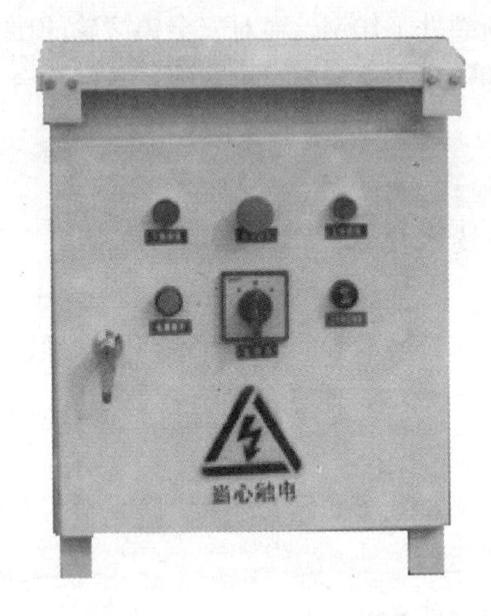

图 3-22　电气控制柜外观

3.4.2　电气控制原理

吊篮电气系统只有升降动作而且电机功率较小，因而电控部分比较简单，一般由一些常规的电气元器件组成。图 3-23 所示为一种常见的吊篮电气控制原理图，其控制原理是：

（1）双机动作：将转换开关 QC 的手柄放在中间位置，让电动机 M1 和 M2 在合闸的情况下同时带电，按下控制按钮 SB1 使交流接触器 KM1 合闸，再按下控制按钮 SB2 使交流接触器 KM2 合闸，让电动机 M1 和 M2 同时转动，吊篮上升；反之，按下控制按钮 SB3 使交流接触器 KM3 合闸，让电动机 M1 和 M2 同时转动，吊篮下降或上升。

（2）单机动作：将转换开关 QC 的手柄放在一侧，让电动机 M1 和 M2 只能一个合闸，按下控制按钮 SB2 或 SB3，让电动机 M1 或 M2 带动悬吊平台一端上升或下降。

（3）限位开关动作：当限位开关 SL1 或 SL2 碰到顶端的模块时，使交流接触器 KM1 跳闸，吊篮断电停止上升，同时电铃 HA 通电，报警电铃响。

（4）紧急停机：按下紧急按钮 STP，使交流接触器 KM1 跳闸，吊篮断电停止运动。

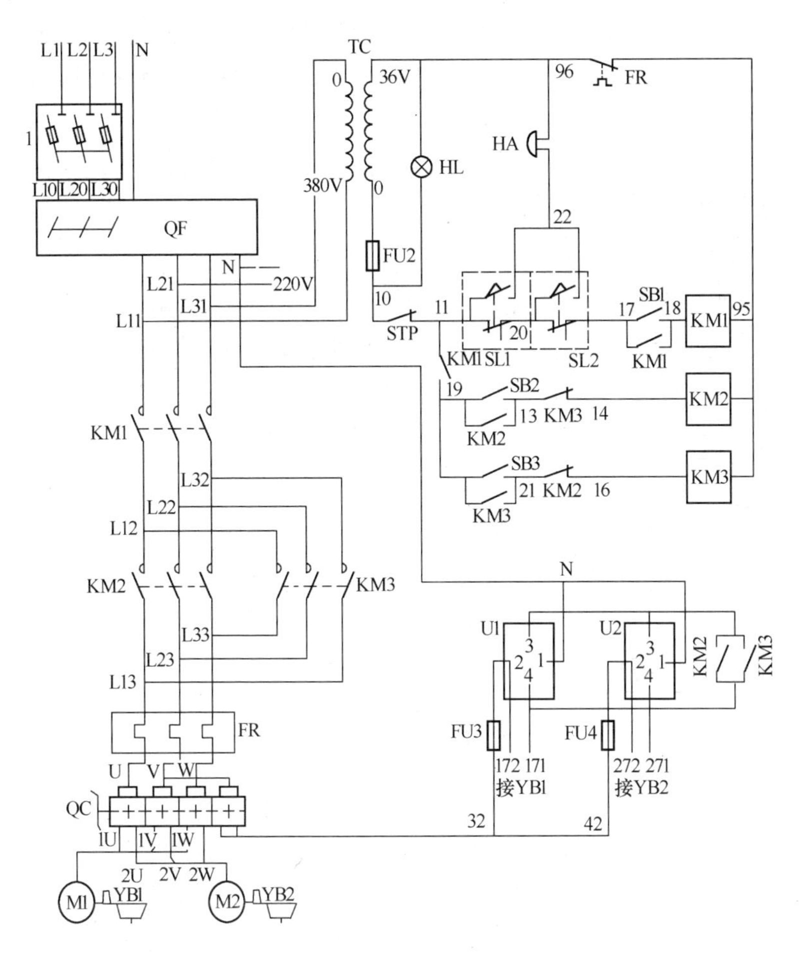

图 3-23 电气控制原理图

3.4.3 安全技术要求

（1）电气控制系统供电应采用三相五线制。接零、接地线应始终分开，接地线应采用黄绿相间线。

（2）吊篮的电气系统应可靠地接地，接地电阻不应大于 4Ω，在接地装置处应有接地标志。电气控制部分应有防水、防振、防尘措施。其元件应排列整齐，连接牢固，绝缘可靠。电控柜门应装锁。

(3) 控制用按钮开关动作应准确可靠，其外露部分由绝缘材料制成，应能承受50Hz正弦波形、1250V电压为时1min的耐压试验。

(4) 带电零件与机体间的绝缘电阻不应低于2MΩ。

(5) 电气系统必须设置过热、短路、漏电保护等装置。

(6) 悬吊平台上必须设置紧急状态下切断主电源控制回路的急停按钮，该电路独立于各控制电路。急停按钮为红色，并有明显的“急停”标记，不能自动复位。

(7) 电气控制箱按钮应动作可靠，标识清晰、准确。

3.5 悬挂机构

悬挂机构是架设于建筑物或构筑物上，通过钢丝绳悬挂悬吊平台的装置总称，它有多种结构形式。安装时要按照使用说明书的技术要求和建筑物或构筑物支承处能够承受的荷载，以及其结构形式、施工环境选择一种形式或多种形式组合的悬挂机构。一般常用的有杠杆式悬挂机构和依托建筑物女儿墙的悬挂机构。

3.5.1 杠杆式悬挂机构

杠杆式悬挂机构类似杠杆，由后部配重来平衡悬吊部分的工作载荷，每台吊篮使用两套悬挂机构，如图3-24所示。

(1) 结构

一般悬挂机构由前梁、中梁、后梁、前支架、后支架、上支

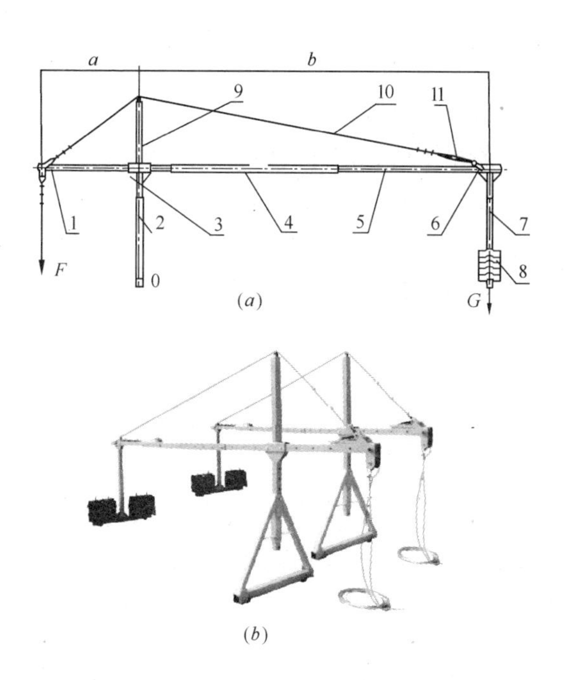

图 3-24　杠杆式悬挂机构

（a）示意图；（b）实物图

1—前梁；2—前支架；3—插杆；4—中梁；5—后梁；
6—后连接套；7—后支架；8—配重；9—上支柱；
10—加强钢丝绳；11—索具螺旋扣

柱、配重、加强钢丝绳、插杆、连接套等组成，前、后梁插在中梁内，可伸缩调节。为适应作业环境的要求，可通过调节插杆的高度来调节前后梁的高度。

（2）系统的抗倾覆系数

系统的抗倾覆系数等于配重抗倾覆力矩与倾覆力矩的比，现行国家标准《高处作业吊篮》（GB 19155）规定其比值不得小于2，用公式表示即为：

$$K=\frac{G\times b}{F\times a}\geqslant 2 \tag{3-1}$$

式中 K——抗倾覆系数；

F——悬吊平台、提升机构、电气系统、钢丝绳、额定荷载等质量的总和（kg）；

G——配置的配重质量（kg）；

a——承重钢丝绳中心到支点间的距离（m）；

b——配重中心到支点间的距离（m）。

3.5.2 依托建筑物女儿墙的悬挂机构

由于屋面空间小，无法安装杠杆式悬挂机构，在女儿墙承载能力允许的情况下，可以将悬挂机构夹持在女儿墙上。这种悬挂机构特点是体积小、重量轻，但对女儿墙有强度要求，如图3-25所示。荷载由女儿墙或檐口、外墙面承担。使用时，必须注意按设计要求安装，紧固所有的辅助安全部件，并要核实悬挂机构施加于女儿墙、檐口等上面的作用力应符合建筑结构的承载要求，能够承受吊篮系统全部载荷。

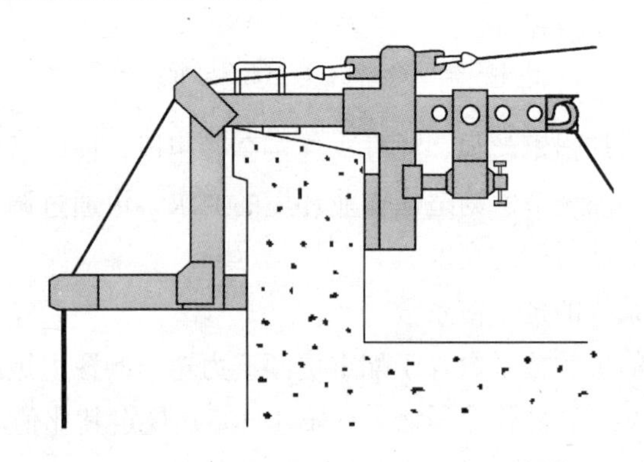

图 3-25　夹持女儿墙式悬挂机构

3.5.3 安全技术要求

(1) 悬挂机构应有足够的强度和刚度。单边悬挂悬吊平台时，应能承受平台自重、额定载重量及钢丝绳的自重。

(2) 配重标有质量标记。

(3) 配重应准确、牢固地安装在配重点上。

3.6 高处作业吊篮用钢丝绳

3.6.1 钢丝绳的分类

高处作业吊篮用钢丝绳分为工作钢丝绳、安全钢丝绳和加强钢丝绳，如图 3-26 所示。钢丝绳采用专用镀锌钢丝绳。不同型号的高空作业吊篮采用的钢丝绳也不同，通常选用结构为 6×19W+IWS 和 4×31SW+FC 的钢丝绳。

3.6.2 钢丝绳安全技术要求

(1) 爬升式高处作业吊篮是靠绳轮和钢丝绳之间的摩擦力提升，钢丝绳受到强烈的挤压、弯曲，对钢丝绳的质量要求很高且钢丝绳应无油。

(2) 采用高强度、镀锌、柔度好的钢丝绳，并应符合厂家说明书的要求，其安全系数不应小于 9。

(3) 工作钢丝绳最小直径不应小于 6mm，安全钢丝绳宜选用与工作钢丝绳相同的型号、规格，在正常运行时，安全钢丝绳

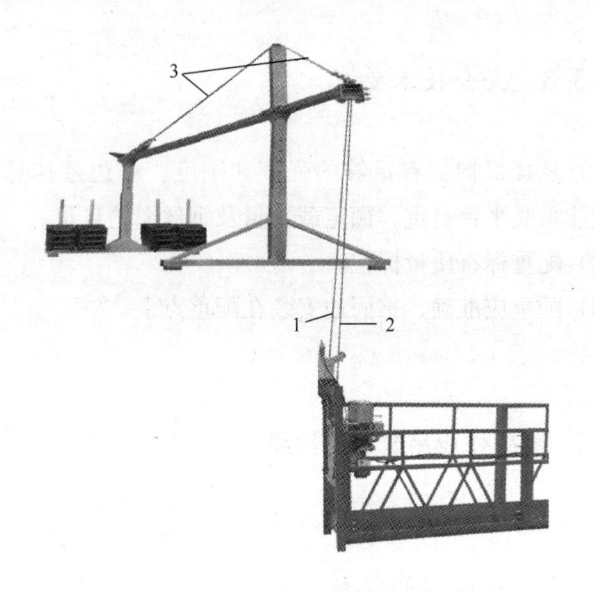

图 3-26 吊篮用钢丝绳

1—安全钢丝绳；2—工作钢丝绳；3—加强钢丝绳

应处于悬垂状态。

（4）安全钢丝绳必须独立于工作钢丝绳另行悬挂。

（5）钢丝绳绳端的固定及钢丝绳的检查和报废应符合有关规定。

（6）禁止使用以任何方式连接加长钢丝绳。

3.7 安全限位装置

3.7.1 上限位与下限位

限位开关的作用是将吊篮的工作状态限定在安全范围之内。

吊篮系统中必设的限位装置为上限位开关，其作用是防止悬吊平台向上提升时发生冲顶现象。一般安装在悬吊平台两端结构顶部、悬吊平台两端提升机安装架上部，通过碰触上限位止挡块而起作用。限位止挡块形状如一围盘，与钢丝绳间用夹块夹紧，如图 3-27 所示。

图 3-27　上限位止挡块

根据需要，吊篮可设置下限位挡块，其作用是当吊篮下降至设置位置时，自动切断下降电气控制回路。

3.7.2　超载保护装置

超载限位装置的作用是防止吊篮超载运行。当载荷超过其限定值时，可切断上升的电气控制回路，卸去多余载荷后方可正常运行。

3.8　结构件的报废

在吊篮的使用过程中，应定期对其结构件进行检查，达到报废条件必须报废。

（1）主要结构件由于腐蚀、磨损等原因使结构的计算应力提高，当超过原计算应力的10％时应予以报废；对无计算条件的，当腐蚀深度达到原构件厚度的10％时，则应予以报废。

（2）主要受力构件产生永久变形而又不能修复时，应予以报废。

（3）悬挂机构、悬吊平台和提升机架等整体失稳后不得修复，应予以报废。

（4）当结构件及其焊缝出现裂纹时，应分析原因，根据受力和裂纹情况采取加强措施。当达到原设计要求时，才能继续使用，否则，应予以报废。

4 高处作业吊篮的安装与拆卸

4.1 高处作业吊篮的安装

4.1.1 安装前的准备

(1) 安装前的检查

安装前应检查以下方面：

1) 查验高处作业吊篮的产品合格证及随机资料。

2) 高处作业吊篮的周围环境是否有影响安装和使用的不安全因素。

3) 悬挂机构的安装位置及建筑物或构筑物的承载能力是否符合产品说明书要求。

4) 现场的配电是否符合要求。

5) 有架空输电线场所，吊篮的任何部位与输电线的安全距离不应小于10m。

6) 钢丝绳的完好性：

①按使用说明书的要求选择钢丝绳；

②工作钢丝绳和安全钢丝绳安装前应逐段仔细检查是否存在损伤或缺陷，是否达到报废标准，并且对附在绳上的涂料、水泥、玻璃胶等污物进行清理，不得涂油。

7) 悬吊平台、提升机、悬挂机构等结构件的成套性和完好性：

①核对验收零部件是否齐全，是否为原厂生产，不得随意使用替代品；

②检查所有构件锈蚀、磨损情况及焊缝有无裂纹；受力构件有无明显变形。

8）电气系统是否齐全、完好。

9）安全装置是否齐全、可靠；安全锁是否在有效标定期限内。

10）现场供电是否符合要求。

（2）安装人员的条件

从事安装与拆卸的操作人员必须经过专门培训，并经建设主管部门考核合格，取得《建筑施工特种作业人员操作资格证书》。

（3）专项施工方案的编制及审批

1）在吊篮安装、拆卸作业前，安装单位（租赁单位）应当根据使用说明书和施工现场条件组织编制专项施工方案，专项施工方案应当由专业技术人员编制。

2）专项施工方案由安装拆卸单位技术负责人和工程监理单位总监理工程师进行审核、审批。实行总承包的，还要经总承包单位技术负责人审核。

（4）安全技术交底的内容及程序

安装单位技术人员应向吊篮安装拆卸作业人员进行安全技术交底。交底人、安装负责人和作业人员应签字确认。技术交底主要包括以下内容：

1）吊篮的性能参数。

2）安装、拆卸的程序和方法。

3）各部件的连接形式及要求。

4）悬挂机构及配重的安装要求。

5）作业中安全操作措施。

4.1.2 高处作业吊篮的安装流程

高处作业吊篮的安装一般流程如图 4-1 所示。

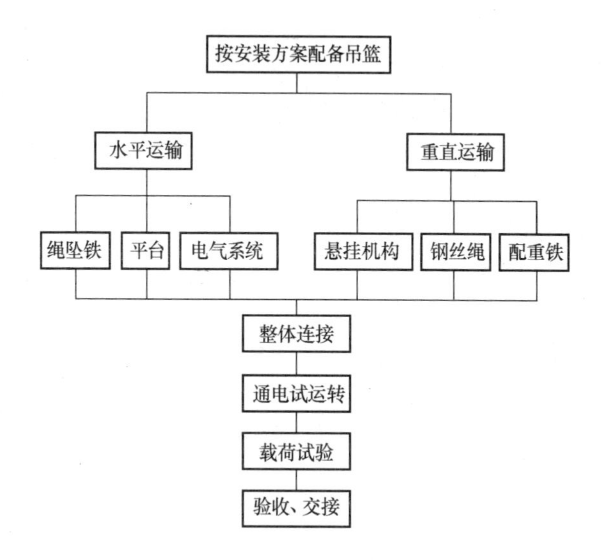

图 4-1 高处作业吊篮安装流程

4.1.3 悬挂机构的安装

施工现场常用的吊篮悬挂机构多为杠杆式，现以杠杆式悬挂机构为例介绍其安装程序和方法，如图 4-2 所示。

(1) 安装程序和方法

1) 将插杆插入三角形的前支架套管内，根据女儿墙的高度调整插杆的高度，用螺栓固定，前支架安装完成。

2) 将插杆插入后支架套管内，插杆的高度与前支架插杆等高，用螺栓固定，后支架安装完成。

3) 将前梁、后梁分别装入前、后支架的插杆内，用中梁将

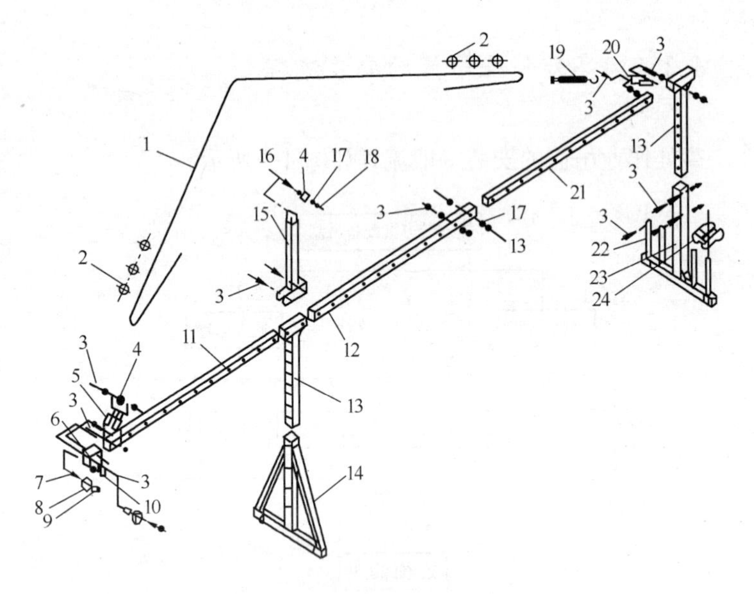

图 4-2　悬挂机构构成示意图

1—加强钢丝绳；2—钢丝绳夹；3—螺栓；4—绳轮；5—前连接套；6—钢丝绳悬挂架；7—销轴；8—钢丝绳卡套；9—轴套；10—卡板；11—前梁；12—中梁；13—插杆；14—前支架；15—上支柱；16—销轴；17—垫圈；18—开口销；19—锁具螺旋扣 CO 型 M20；20—后连接套；21—后梁；22—配重支管；23—后支架；24—配重

前梁、后梁连接为一体，并根据实际情况选定前梁的悬伸长度及前后支架间的距离。在悬挂机构安装位置允许条件下尽量将前、后支架间的距离放至最大。

4）将前后连接套分别安装在前梁和后支架插杆上。

5）将上支柱安放于前支架的插杆上，用螺栓固定。

6）将加强钢丝绳一端穿过前梁上连接套的滚轮后用钢丝绳夹固定，索具螺旋扣的一端勾住后支架插杆上连接套的销轴，加强钢丝绳的另一端经过上支柱后穿过索具螺旋扣的另一端后用钢丝绳夹固定，调节螺旋扣的螺杆，使加强钢丝绳绷紧。

7）将配重均匀放置在后支架底座上，并用螺栓固定牢固。

8）将工作钢丝绳、安全钢丝绳按要求分别固定在前梁的钢丝绳悬挂架上，在安全钢丝绳适当处安装上限位止挡块，一般止挡块安装位置距悬挂机构前梁端不小于 1.5m，如图 4-3 所示。

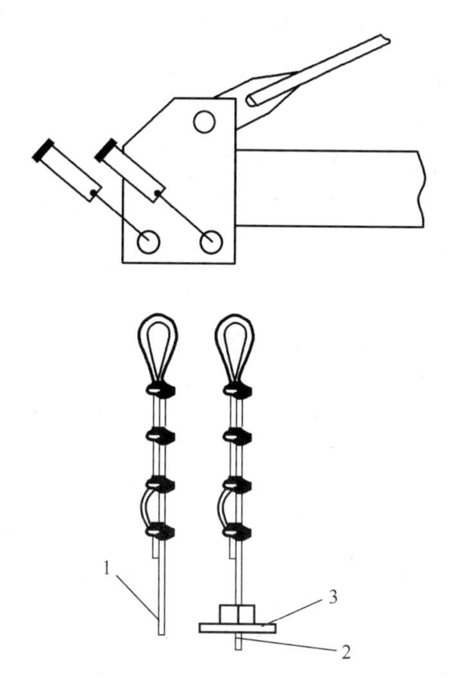

图 4-3 钢丝绳的固定

1—工作钢丝绳；2—安全钢丝绳；3—限位止挡

9）将钢丝绳头从钢丝绳盘中抽出，然后沿墙面缓慢向下滑放，严禁将钢丝绳成盘向下抛放。钢丝绳放完后应将缠结的绳分开，地面多余的钢丝绳应仔细盘好扎紧，不得任意散放地面。

(2) 安装注意事项

1）前梁的外伸长度不得大于产品使用说明书规定的最大极限尺寸。

2）前后支架间距不得小于产品使用说明书规定的最小极限尺寸。

3）必须使用生产厂提供的配重，其数量不得少于产品使用说明书规定的数量，码放整齐，安装牢固。配重是铸铁的应采取防盗措施。

4）当施工现场无法满足产品使用说明书规定的安装条件和要求时，应经生产厂同意后采取相应的安全技术措施，确保抗倾覆力矩达到标准要求。

5）前、后支架与支承面的接触应稳定牢固。

6）悬挂机构施加于建筑物顶面或构筑物上的作用力均应符合建筑结构的承载要求。当悬挂机构的载荷由屋面预埋件承受时，其预埋件的安全系数不应小于3。

7）悬挂机构横梁可前高后低，严禁前低后高。

8）必须按产品使用说明书要求调整加强钢丝绳的张紧度，不得过松或过紧。

9）双吊点吊篮的两组悬挂机构之间的安装距离应与悬吊平台两吊点间距相等，其误差不大于50mm。

10）前后支架的组装高度与女儿墙高度相适应。

11）主要结构件达到报废条件，必须及时报废更新。

12）有架空输电线场所，吊篮的任何部位与输电线的安全距离不应小于10m。如果条件限制，应与有关部门协商，并采取安全防护措施后方可架设。

4.1.4 悬吊平台的组装

（1）悬吊平台组装顺序和方法

常用悬吊平台的组装可参照图4-4。

1）将底板垫高平放，装上前后栏杆，用螺栓连接固定。

2）将提升机安装架装于栏杆两端，用螺栓连接固定。

3）将脚轮安装在平台两端的栏杆下端，用螺栓连接固定。

4）安装靠墙轮或导向装置或缓冲装置。

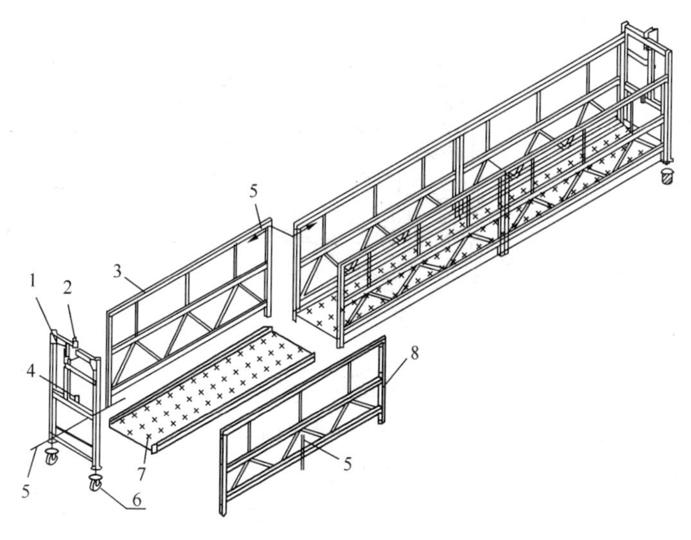

图 4-4　吊篮平台的安装示意图

1—提升机安装架；2—安全锁安装板；3—后栏杆；4—支座；

5—螺栓；6—脚轮；7—底架；8—前栏杆

5）检查以上各部件是否安装正确，螺栓的规格是否匹配，不得以小代大，确认无误后，紧固全部螺栓。

6）安装完毕必须由专人重新检查所有螺栓是否已紧固到位。

（2）悬吊平台组装注意事项

1）零部件应齐全、完整，不得少装、漏装。

2）螺栓必须按要求加装垫圈，所有螺母均应紧固。

3）开口销均应开口，其开口角度应大于 30°。

4.1.5　高处作业吊篮的整机组装

高处作业吊篮的整机组装包括提升机、安全锁、电气控制箱、重锤、止挡块、上限位开关等部件的安装，如图 4-5 所示。

（1）安全锁和提升机的安装

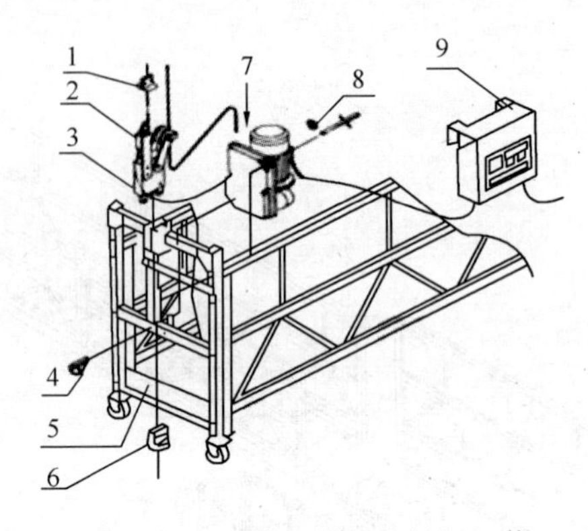

图 4-5　高处作业吊篮的整机组装

1—上限位块；2—上限位开关；3—安全锁；
4—锁轴；5—提升机安装架；6—重锤；7—工作钢丝
绳插入提升机；8—锁销；9—电气控制箱

1）采用专用螺栓或销轴将提升机安装在悬吊平台端面提升机安装架上，位于悬吊平台内。

2）采用专用螺栓或销轴将安全锁安装于悬吊平台端面提升机安装架上的安全锁支架上，对于摆臂式防倾斜安全锁其摆臂滚轮应朝向平台内侧。

（2）电气控制箱的安装

将电气控制箱固定在悬吊平台护栏内侧后，依次把电源电缆、电机电缆、操纵开关电缆的接插件插头插入电箱下端的相应插座中，如图 4-6 所示。插装接插件插头时，应仔细对准插脚位置，均匀用力推入，不得用力过猛，以免损坏接插件。电源相序要一致，保证各电机转向与电气控制箱上控制按钮的指示一致。上限位开关安装在安全锁的相应位置。应采取防止随行电缆碰撞建筑物、过度拉紧或其他可能导致损坏的措施。

（3）工作钢丝绳的穿绕

1）检查钢丝绳穿入端焊接封头弧锥面及球头是否光滑平整，焊接交界处如有钢丝头翘出时，应用锉刀仔细修锉光滑，并将钢

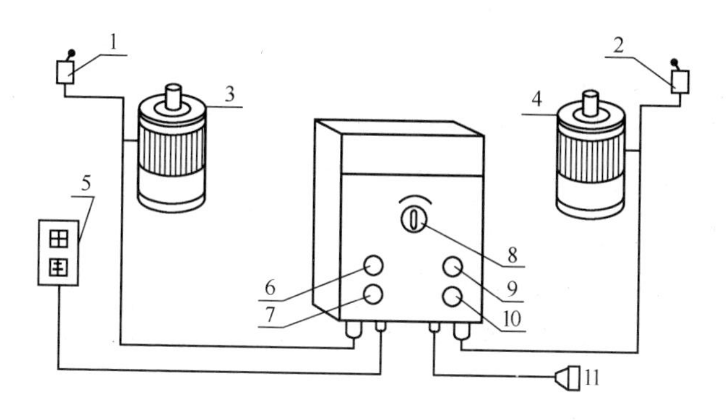

图 4-6 电气系统的连接

1—左上限位开关；2—右上限位开关；3—左制动电机；4—右制动电机；5—手握开关；6—电源指示；7—上行按钮；8—转换开关；9—急停；10—下行按钮；11—电源接头

丝头插入绳股内。

2）对使用摆臂式防倾斜安全锁的，先将钢丝绳穿过安全锁摆臂上的滚轮槽后，然后从提升机上端进绳口将钢丝绳穿入提升机内。

3）将转换开关转至相应挡位，并按下相应的上升按钮，使钢丝绳平稳地自动穿绕于提升机中的传动轮上。在钢丝绳穿绕过程中，如有阻卡现象，应立即停止穿绳，经检查并排除故障后方可继续穿绳，防止钢丝绳发生阻卡而损坏钢丝绳或提升机。

4）当钢丝绳穿出提升机出绳口后，应用手引导钢丝绳穿出，防止绳头与悬吊平台或地面撞击而损坏。

5）将穿出的钢丝绳通过提升机支架下端的引导滑轮将钢丝绳引放到悬吊平台外侧。

6）两端钢丝绳拉紧后，将转换开关转至中间位置及双机运行挡，点动上升按钮，使悬吊平台在自重作用下处于悬吊状态，待悬吊平台离地约 20～30cm 时停止上升，检查悬吊平台是否处于水平状态，如有倾斜，可将转换开关转至低端位置，并点动上升按钮，直至悬吊平台处于水平位置。

（4）安全钢丝绳的穿绕

1）检查钢丝绳穿入端焊接封头弧锥面及球头是否光滑平整，焊接交界处如有钢丝头翘出时，应用锉刀仔细修锉光滑，并将钢丝头插入绳股内。

2）将钢丝绳插入安全锁上方的进绳口中，用手推进，自由通过安全锁后，从安全锁下方的出绳口将钢丝绳拉出，直至拉紧，如图 4-7 所示。在钢丝绳穿绕过程中，如有阻卡现象，应检查安全锁是否处于完全开锁状态，安全锁和提升机安装位置是否正确，或安全锁摆臂是否变形，重新调整后再行穿绳，切勿强行穿绕，以免损坏钢丝绳和安全锁。

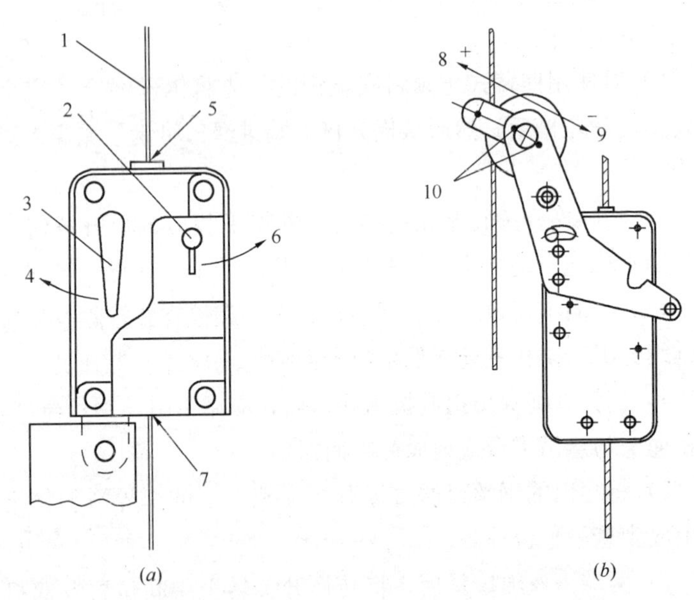

图 4-7 安全钢丝绳与安全锁的安装

(*a*) 离心式安全锁；(*b*) 防倾式安全锁

1—安全钢丝绳；2—锁闭手柄；3—开启手柄；4—打开；5—入绳口；6—锁闭；7—出绳口；8—角度增大；9—角度减小；10—紧固螺母

（5）绳坠铁安装

吊篮所使用的安全钢丝绳必须在离地面附近加装绳坠铁。工作钢丝绳是否加装绳坠铁应按照说明书的要求进行安装。

安装绳坠铁需要点动吊篮上升离开地面少许后进行，如图 4-8 所示。

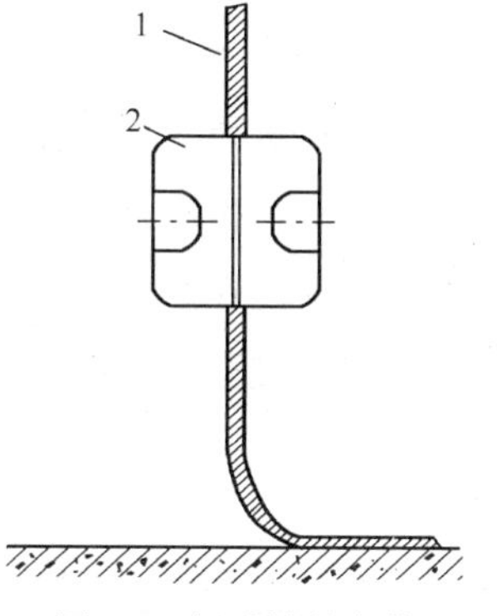

图 4-8 绳坠铁的安装
1—钢丝绳；2—重锤

4.1.6 操作人员安全绳的设置

吊篮上的操作人员应配置独立于悬吊平台的安全绳及安全带或其他安全装置。安全绳固定在屋顶可靠的固定点上，固定必须牢靠，在接触建筑物的转角处采取有效保护措施，防止被磨断。

4.1.7 悬挂机构二次移位安装程序

悬挂机构二次移位指在同一建筑物或构筑物相同安装高度的范围内移动。悬挂机构二次移位应按以下程序操作：

（1）拆下绳坠铁。

（2）将悬吊平台停放在平整而坚实的地面上。

（3）先将安全钢丝绳从安全锁中取出，再将工作钢丝绳从提升机中退出。

（4）拆卸配重，移动前后支架到所需位置并调整，装好配重并固定牢固。

（5）将悬吊平台移至与悬挂机构垂直的位置。

（6）先将工作钢丝绳穿入提升机中，再将安全钢丝绳穿入安全锁中。

(7) 安装绳坠铁。

(8) 检查验收，合格后方可使用。

(9) 当在较小范围内移位时，可以不将钢丝绳退出，但是悬吊平台必须落在地面，安全钢丝绳和工作钢丝绳应留有一定的余量，在移位过程中不得受力。

4.2 高处作业吊篮的调试和验收

4.2.1 高处作业吊篮的调试

高处作业吊篮的调试是安装工作的重要组成部分和不可缺少的程序，也是安全使用的保证措施。调试应包括调整和试验两方面内容。调整须在反复试验中进行，试验后一般也要进行多次调整，直至符合要求。下面以常用的 ZLP800 系列型高处作业吊篮为例，介绍其调试主要内容：

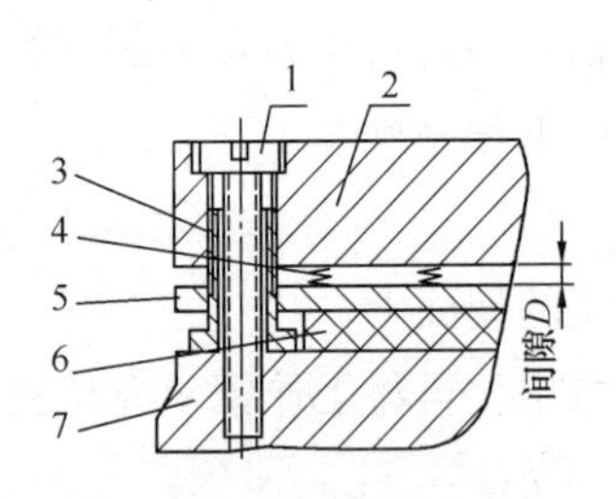

图 4-9 电机电磁制动器

1—安装螺钉；2—电磁吸盘；3—中空螺钉；4—弹簧；5—衔铁；6—摩擦盘；7—电机端盖

(1) 提升机制动器的调试

衔铁与摩擦盘之间的间隙 D 应在 0.5～0.6mm 范围内，如图 4-9 所示，调整方法是先松开电磁吸盘 2 上的内六角安装螺钉 1，再转动中空螺钉 3 调整好间隙，四周间隙应尽量调均匀，最后重新拧紧安装螺钉 1。通电检查电磁制动器的衔铁动作，衔铁吸合后必须与摩擦盘完全脱开，断电时无卡滞现象，衔铁在制动弹簧作用下完全压住摩擦盘。

（2）上限位的调试

将悬吊平台上升到最高作业高度，调整好上限位碰块的位置和上限位开关摆臂的角度，上限位开关摆臂上的滚轮应在上限位碰块平面内。

4.2.2 高处作业吊篮的自检

高处作业吊篮安装完毕，应当按照安全技术标准及安装使用说明书的有关要求对高处作业吊篮钢结构件、提升机构、安全装置和电气系统等进行自检。自检的主要内容与要求见表 4-1。

高处作业吊篮安装自检表 **表 4-1**

检查项目	序号	检查内容	要求	检查情况	备注
悬挂机构	1	建筑物承载能力	应能承受吊篮的全部载荷		
	2	抗倾覆系数	应大于 2		
	3	配重数量	符合使用说明书的要求		
	4	配重安装固定	安装位置正确、固定牢固可靠		
	5	悬挂机构结构连接螺栓	齐全，紧固可靠		
	6	上限位碰块	安装位置正确、牢固可靠		
	7	非标架设	应有技术方案，并得到原制造厂认可		
悬吊平台	8	底架、底板、栏杆主要结构件	无开裂、变形缺陷		
	9	部件的连接件	齐全、紧固可靠		
	10	靠墙轮（导向装置或缓冲装置）	安装牢固、可靠		

续表

检查项目	序号	检查内容	要求	检查情况	备注
钢丝绳	11	钢丝绳型号、规格	符合产品要求且完好		
	12	钢丝绳端部固定	符合规范要求		
提升机	13	提升机固定	提升机与悬吊平台应连接可靠，其连接强度不应小于2倍允许冲击力		
	14	穿绳	具有良好的穿绳性能，不得卡绳和堵绳		
	15	手动滑降	正常、可靠		
安全装置	16	安全锁标定日期	在有效期内		
	17	安全锁	灵敏、可靠		
	18	行程限位	灵敏、有效		
	19	超载保护装置	灵敏、有效		如设置
	20	制动器	有效、可靠		
	21	手动下降装置	有效、可靠		
电气系统	22	电缆线	无破损，固定整齐，有防磨损和过度拉紧措施		
	23	绝缘电阻	不小于0.5MΩ		
	24	漏电保护	动作灵敏、可靠		
	25	接零（接地）	采用三相五线制供电，接零或接地保护可靠		
	26	配电箱	元件齐全、固定牢固，有防水、防尘功能		
	27	急停按钮	灵敏、有效		
验收意见		自检人：　　　　检查日期：			

高处作业吊篮安装完毕后，应进行空载、额定荷载和超载试验，方法如下：

（1）安全锁试验

首先将悬吊平台两端调平，然后上升至悬吊平台底部离地 1m 处左右。对防倾式安全锁，关闭一端提升机，操纵另一端提升机下降，直至安全锁锁绳，然后测量悬吊平台底部距地面高度差计算锁绳角度，检查是否符合标准要求。左右两端安全锁的检查方法对称。如采用离心式安全锁，可用手快速抽动安全钢丝绳，安全锁能否正常锁住，锁绳速度不应大于 30m/min；吊篮正常升降时，有否误动作锁住。左右安全锁都必须按上述方法检查。

（2）空载试运行

接通电源，悬吊平台上下运行三次，每次行程 3～5m。运行时应符合下列要求：

1）电路正常且灵敏可靠。

2）提升机启动、制动正常、升降平稳，无异常声音。

3）按下“急停”按钮，悬吊平台应能停止运行。

（3）手动滑降试验

在悬吊平台内均匀布置额定载荷，将吊篮升高到小于 2m 处，两名操作人员同时操纵手动下降装置进行下降试验。下降应平稳可靠，平台下降速度不应大于 1.5 倍额度速度。

4.2.3　高处作业吊篮的验收

高处作业吊篮经安装单位自检合格后，使用单位应当组织产权（出租）、安装、监理等有关单位进行综合验收，验收合格后方可投入使用，未经验收或者验收不合格的不得使用；实行总承包的，由总承包单位组织产权（出租）、安装、使用、监理等有关单位进行验收。

验收内容主要包括技术资料、标识与环境以及自检情况等，具体内容参见表4-2。

高处作业吊篮综合验收表　　表4-2

使用单位		型号	
设备产权单位		设备编号	
工程名称		安装日期	
安装单位		安装高度	
检验项目	检查内容		检验结果
技术资料	产品合格证、随机技术资料齐全、有效		
	安装人员的特种作业资格证书齐全、有效		
	安装方案、安全交底记录齐全有效		
	隐蔽工程验收记录和混凝土强度报告齐全有效		
	安装前零部件的验收记录齐全有效		
标识与环境	产品铭牌标识齐全		
	与外输电线的安全距离符合规定		
自检情况	自检内容齐全，标准使用正确，记录齐全有效		
安装单位验收意见： 技术负责人签章：　　日期：		使用单位验收意见： 项目技术负责人签章：　　日期：	
监理单位验收意见： 项目总监签章：　　日期：		总承包单位验收意见： 项目技术负责人签章：　　日期：	

4.3 高处作业吊篮的拆卸程序

4.3.1 拆卸前的检查

高处作业吊篮拆卸前应对吊篮按班前日常检查内容进行检

查，确认没有隐患后方能实施拆卸工作。

4.3.2 拆卸方法与步骤

（1）将悬吊平台上升至便于拆卸绳坠的位置，拆下绳坠。

（2）将悬吊平台下降停放在平整而坚实的地面上。

（3）钢丝绳拆卸：

1）先将安全钢丝绳从安全锁中取出，再将工作钢丝绳从提升机中退出；

2）将钢丝绳拉到上方悬挂机构处；

3）将钢丝绳自悬挂装置上拆下，卷成直径 0.6m 的圆盘，在三个位置均匀绑扎。

（4）电源电缆的拆卸：

1）切断电源；

2）将电源电缆从临时配电箱上拆下；

3）将电源电缆从吊篮电气箱上拆下，并妥善整理卷成直径 0.6m 的圆盘，在三个位置均匀扎紧。

（5）悬挂机构的拆卸：

1）拆下销轴并拆除加强钢丝绳；

2）拆下螺栓，卸下上支柱、前中后梁；

3）拆下螺栓，卸下插杆、前后支架；

4）取下配重；

5）将拆卸的所有零部件放置在规定位置，妥善保管并按要求进行分类入库。

5 高处作业吊篮的使用与维修保养

5.1 高处作业吊篮的使用

为了确保高处作业吊篮的使用安全，预防在使用中发生重大安全事故，高处作业吊篮产权单位、使用单位应当建立高处作业吊篮的检查和维护保养制度，制定安全操作规程。高处作业吊篮操作人员应严格按照操作规程进行操作，维护人员要经常性的对高处作业吊篮进行检查，掌握机械状况变化和磨损发展情况，及时进行维护保养，消除隐患，预防突发故障和事故。

5.1.1 高处作业吊篮管理制度

（1）设备管理制度

1）高处作业吊篮应由设备部门统一管理，不得对提升机、安全锁和架体分开管理；

2）高处作业吊篮应纳入机械设备的档案管理，建立档案资料；

3）金属结构存放时，应放在垫木上；在室外存放，要有防雨及排水措施。电气、仪表及易损件要专门安排存放，注意防振、防潮；

4）运输高处作业吊篮各部件时，装车应平整，尽量避免刮碰，同时应注意高处作业吊篮的配套性。

(2) 交接班制度

交接班制度应明确交接班操作人员的职责，交接程序和内容，是高处作业吊篮使用管理的一项非常重要的制度。内容主要包括对高处作业吊篮的检查、运行情况记录、存在的问题、应注意的事项等，交接班可进行口头交接，也可通过传递交接班记录进行，但必须经双方签字确认。高处作业吊篮操作人员交接班记录见表 5-1。

高处作业吊篮操作人员交接班记录　　　　表 5-1

工程名称		设备编号			
设备型号		运转台时		天气	
1	本班设备运行情况				
2	本班设备作业项目及内容				
3	本班应注意的事项				
交班人（签名）：		接班人（签名）：			
交接时间：		年　月　日　时　分			

5.1.2 高处作业吊篮的检查

(1) 使用前的检查

操作人员使用高处作业吊篮前必须对其进行检查和试运行，检查和试运行主要包括以下主要内容：

1) 金属结构有无开焊、裂纹和明显变形现象。

2) 连接螺栓是否紧固。

3) 工作钢丝绳、安全钢丝绳、加强钢丝绳的完好和固定情况。

4）进行空载试运行，升降悬吊平台各一次，验证操作系统、上限位装置、提升机、手动滑降装置、安全锁、制动器动作等是否灵敏可靠。

5）观察悬吊平台运行范围内有无障碍物。

6）悬挂机构是否稳定，加强钢丝绳是否拉紧无松动，配重是否齐全、固定牢固。

（2）定期检查

吊篮投入运行后，应按照使用说明书要求定期进行全面检查，并做好记录。检查的项目和内容参照表5-2。

高处作业吊篮检查项目表 **表5-2**

序号	项目	检查内容与要求	检查结果
1	悬吊作业平台	结构件是否变形、连接是否牢固可靠	
		底板、挡板、栏杆是否破损	
		焊缝有无裂纹、脱焊	
2	提升机	安装是否牢固可靠	
		有无漏油、渗油	
		电磁制动器间隙是否符合要求	
3	安全锁	摆臂动作是否灵活，有无卡滞现象	
4	悬挂机构	各构件连接是否牢固可靠	
		配重有无缺少、破损，固定是否牢靠	
		两套悬挂机构的距离是否符合要求	
5	钢丝绳	有无损伤（断丝、断股、压痕、烧蚀、堆积）、有无变形（松股、折弯、起股）、磨损情况，是否达到报废标准	
		有无油污及其他污物	
		与悬挂机构的连接是否牢固	
6	电气控制系统	电线、电缆是否破损，插头、插座是否完好	
		上限位开关动作是否灵敏可靠	
		交流接触器动作是否灵敏	
		接零、接地是否可靠，漏电保护装置是否灵敏有效	
		转换开关、急停开关是否灵敏可靠	

续表

序号	项目	检查内容与要求	检查结果
7	悬吊平台运行情况	提升机运行有无异常声音	
		悬吊平台是否水平	
		制动器动作有无卡滞、制动是否可靠	
		手动滑降是否良好	
		安全绳是否完好，固定是否牢固可靠	

检查人：　　　　　　　　　　　　日期：　　年　　月　　日

注：此表格须复制后，按有关规定认真填写并存档备查。

5.1.3 高处作业吊篮安全操作要求

（1）操作人员应经过培训考核合格，方可上岗。

（2）操作人员无不适应高处作业的疾病和生理缺陷。

（3）酒后、过度疲劳、情绪异常者不得上岗。

（4）操作人员不得穿拖鞋或塑料底等易滑鞋进行作业。

（5）严禁在大雾、大雨、大雪等恶劣气候条件下进行作业。

（6）工作处阵风风速大于8.3m/s（相当于5级风力）时，操作人员不准上吊篮操作。

（7）夜间无充足的照明，不得操作吊篮。

（8）吊篮的任何部位与输电线的安全距离小于10m时，不得作业。

（9）操作前，应了解掌握产品使用说明书或有关规定。

（10）操作人员应配置独立于悬吊平台的安全绳及安全带或其他安全装置，应严格遵守操作规程。

（11）操作人员必须有二人，不允许单独一人进行作业，以便突然停电时，可二人分别操作手动下降装置安全落地。

（12）操作人员必须在地面进出悬吊平台，严禁在空中攀沿窗口出入，严禁从一个悬吊平台跨入另一个悬吊平台。

(13) 物料在悬吊平台内应均匀分布，不得超出悬吊平台围栏。

(14) 吊篮严禁超载或带故障使用。

(15) 悬吊平台严禁斜拉使用。

(16) 作业中无论任何人发出紧急停车信号，应立即执行。

(17) 利用吊篮进行电焊作业时，严禁用悬吊平台作电焊接线回路，悬吊平台内严禁放置氧气瓶、乙炔瓶等易燃易爆品。

(18) 严禁将高处作业吊篮作为垂直运输机械使用。

(19) 悬吊平台倾斜应及时调平。单程运行倾斜超过两次，必须落到地面进行检修。

(20) 悬吊平台在运行时，操作人员应密切注意上下有无障碍物，以免引起碰撞或其他事故。

(21) 在正常工作中，严禁触动滑降装置或用安全锁刹车。

(22) 不得在安全钢丝绳绷紧情况下，硬性扳动安全锁开启手柄；不得在安全锁锁闭后开动机器下降。

(23) 严禁砂浆、胶水、废纸、油漆等异物进入提升机、安全锁。每班使用结束后，应将悬吊平台降至地面，放松工作钢丝绳，使安全锁摆臂处于松弛状态。关闭电源开关，锁好电气箱。

5.1.4 高处作业吊篮的操作

(1) 在操作前，司机应首先按要求进行班前检查。

(2) 送电后，进行空载试运转，无异常后，方可正常作业。

(3) 作业人员进入悬吊平台内，按规范要求系上安全带，旋转转换开关，操作按钮使悬吊平台向上或向下运行。

(4) 运行到某一指定处，按下停止按钮，悬吊平台停止，及时调整挂好安全带，开始施工作业。

5.2 高处作业吊篮的维修保养

高处作业吊篮的维修保养应依照生产厂提供的产品使用说明书的要求执行，正常的维修保养不但能够维护整机性能，保障人身安全，还能延长设备的使用寿命。维修保养包括日常保养、定期检修、定期大修等工作，日常保养与上机前的日常检查工作由操作人员负责，定期检修与定期大修工作应由专业人员负责。上述工作都应做好记录，并有工作人员签字后存档。

5.2.1 日常保养

（1）提升机日常保养

1）作业前必须进行空载运行，注意检查有无异响和异味。

2）按产品使用说明书要求及时加注或更换规定的润滑剂。

3）及时清除提升机外表面污物，避免进、出绳口进入杂物，损伤机内零件。

4）发现运转异常（有异响、异味、高温等）情况，应及时停止使用，由专业维修人员进行检修。

（2）安全锁日常保养

1）及时清除安全锁外表面污物。

2）避免碰撞造成损伤。

3）做好防护工作，防止雨、雪和杂物进入锁内。

4）达到标定期限应及时进行检修和重新标定。

（3）钢丝绳日常保养

1）在安装完毕后，将余在下端的钢丝绳捆扎成圆盘并且使之离开地面约200mm。

2）及时清理附着在钢丝绳表面的污物。

3）对于出现断丝但未达到报废标准的钢丝绳，应及时将其断丝头部插入绳芯。

4）对达到报废标准的钢丝绳，应及时更换。

（4）悬挂机构、悬吊平台日常保养

1）经常检查连接件的紧固情况，发现松动及时紧固。

2）及时清理表面污物。清理时不要采用锐器猛刮猛铲，注意保护表面漆层。

3）结构件出现磨损、腐蚀、变形及焊缝裂纹，应及时修复，达到报废标准的及时更换。

（5）电气系统日常保养

1）电气箱内要保持清洁，无杂物。不得把工具或材料放入箱内。

2）经常检查电气接头有无松动，并及时紧固。

5.2.2 定期检修

（1）定期检修期限

高处作业吊篮的定期检修应按照产品使用说明书的要求进行，若产品说明书没有要求的，按以下要求进行：

1）连续施工作业的高处作业吊篮，视作业频繁程度，1～2月应进行一次定期检修。

2）断续施工作业的高处作业吊篮，累计运行300h应进行一次定期检修。

3）停用1个月以上的高处作业吊篮，在使用前应进行一次定期检修。

4）完成一个工程项目拆卸后，应对各总成进行一次定期检修。

（2）定期检修内容

1）电气系统

①检查电源电缆的损伤情况。若表面局部出现轻微损伤，可用绝缘胶布进行局部修补；若损伤超标，应进行更换；

②检查固定松动的电源电缆；

③修复或更换电控箱内破损或失灵的电气元件；

④检查接触器触点烧蚀情况。对轻微烧蚀的触点用0＃砂纸进行打磨，对严重烧蚀的触点进行更换；

⑤修复或更换破损或动作不灵敏的限位开关和按钮；

⑥调整不符合标准规定测量值的绝缘电阻、接地电阻或接零电阻的接地体及导线连接。

2）悬挂机构

①修复或更换变形和腐蚀的结构件；

②修复焊缝开裂或裂纹；

③紧固件连接情况及插接件变形或磨损情况；

④配重的安装固定情况。

3）钢丝绳

①断丝或磨损情况；

②端部接头绳夹固定情况。

4）安全绳

安全绳固定端及女儿墙等转角接触局部磨损情况。

5）安全锁

①转动部件润滑情况，定期加注润滑油；

②弹簧复位力量是否正常；

③开启和闭锁手柄启闭动作是否正常；

④滚轮转动及磨损情况；

⑤标定超期必须重新检修标定。

6）提升机

①机壳有渗漏、漏油现象；

②进、出绳口磨损情况；

③电动机手松装置完好情况；

④制动电机摩擦片磨损情况。摩擦盘厚度小于说明书规定时必须更换；

⑤提升机若发生异常温升和声响，应立即停止使用。

7）悬吊平台

①构件变形和腐蚀情况；

②焊缝开裂或裂纹情况；

③紧固件连接松动情况。

5.2.3　定期大修

（1）大修期限

高处作业吊篮的大修应按照产品使用说明书的要求进行，若产品说明书没有要求的，按以下要求进行：

1）使用期满1年。

2）累计工作300个台班。

3）累计工作2000h。

满足大修条件，应送往具有大修条件（包括人员、设备、检测手段及配件加工能力）的吊篮专业厂进行大修。如果产品使用说明书明确规定需原厂大修的，应送回原厂进行大修。

（2）大修项目及内容

1）提升机和安全锁

①解体清洗；

②更换易损件；

③检测齿轮、蜗轮副、主要轴、孔以及有关零件的重要几何参数；修复可修复的零件，更换不可修复的超标零件；

④检查壳体变形或裂纹情况。对塑性材料制成的壳体可进行修复；对脆性材料制成的壳体，出现裂纹的应予以更换；

⑤按产品使用说明书要求加足润滑剂；

⑥重新组装后按产品出厂要求进行全面的性能检验及标定；安全锁的大修必须由生产厂及专门机构进行。

2）悬挂机构、悬吊平台和电控箱壳

①清理构件表面的附着物、残漆及浮锈；

②检查磨损或锈蚀是否超标，对磨损或锈蚀大于构件原厚度10％的，予以更换；

③检查构件变形及焊缝裂纹，对无法修复的，予以更换；

④检验后进行重新涂漆。

3）电气系统

①修复或更换失灵或触点烧蚀的电气元件；

②检查电缆线绝缘层是否破损或老化，对无法修复的予以更换；

③全面检查各接头及连接点的连接情况，必要时按规范重新整理或接线；

4）钢丝绳和安全绳

①按照现行国家标准《起重机用钢丝绳检验和报废实用规范》（GB/T 5972）的要求逐段检查，对达到报废标准的予以更换；

②重点检查绳头固定端。对磨损或疲劳严重的去除受损段后重新固定绳套。

6 高处作业吊篮的常见故障与事故案例

6.1 高处作业吊篮常见故障判断及应急处置

6.1.1 常见故障判断及处置方法

高处作业吊篮在使用过程中发生故障的原因很多，主要是因为工作环境恶劣，维护保养不及时，操作人员违章作业，零部件的自然磨损等多方面原因。高处作业吊篮发生异常时，操作人员应立即停止操作，及时向有关部门报告，以便及时处理，消除隐患，恢复正常工作。高处作业吊篮常见的故障一般分为机械故障和电气故障两大类。由于机械零部件磨损、变形、断裂、卡塞、润滑不良以及相对位置不正确等而造成机械系统不能正常运行，统称为机械故障。由于电气线路、元器件、电气设备，以及电源系统等发生故障，造成用电系统不能正常运行，统称为电气故障。机械故障一般比较明显、直观，容易判断；电气故障相对来说比较多，有的故障比较直观，容易判断，有的故障比较隐蔽，难以判断。高处作业吊篮常见故障的判断及处置方法参照表6-1。

高处作业吊篮故障的判断及处置方法 **表 6-1**

故障现象	故障原因	处置方法
电源指示灯不亮	电源没接通	检查各级电源开关是否有效闭合
	变压器损坏	更换变压器
	灯泡损坏	更换灯泡
限位开关不起作用	电源相序接反	交换相序
	限位开关损坏	更换限位开关
	限位开关与限位止挡接触不好	调整限位开关或止挡块
松开按钮后提升机不停车	电气箱内接触器触点粘连	修理或更换接触器
	按钮损坏或被卡住	检查修理或更换按钮
悬吊平台静止时下滑	提升机制动器失灵	检查修理或更换制动器
	摩擦盘与衔铁之间的距离过大	调整间隙或更换制动片
悬吊平台升降时无法停止	交流接触器主触点未脱开	按下急停按钮使悬吊平台停止，更换接触器
	控制按钮损坏，不能复位	按下急停按钮使悬吊平台停止，再更换控制按钮
悬吊平台不能启动	漏电断路器断开	查明原因，复位
	电源缺相或无零线	查明原因正确接线
	控制变压器损坏	更换变压器
	热继电器断开或损坏	查找原因，待热继电器复位后，重新启动或更换
	熔断丝或接触器损坏	更换熔断丝或接触器
	急停按钮未复位	检查复位
	插件接触不良	检查后插紧插件或更换
悬吊平台倾斜	两个电机制动灵敏度差异	调整两电机制动器的间隙，使其匹配
	离心限速器弹簧松驰	更换离心限速器弹簧
	电动机转速差异过大	修理或更换电动机
	提升机拽绳差异	更换提升机的压绳装置
	悬吊平台内载荷不匀	调整悬吊平台载荷

续表

故障现象	故障原因	处置方法
提升机有异常噪声	提升机零部件受损	更换受损零部件
	电机电磁制动器间隙过小	调整间隙
	电机电磁制动器摩擦片不均匀磨损	更换摩擦片
一侧提升机不动作或电机发热冒烟	制动器衔铁不动作或衔铁与摩擦片的间距过小	调整制动器衔铁与摩擦片的间距或更换衔铁
	制动器线圈烧坏	更换制动器线圈
	整流块短路损坏	更换整流块
	热继电器或接触器损坏	更换相应电气
	转换开关损坏	更换转换开关
工作钢丝绳不能穿入提升机	钢丝绳绳头不圆滑	打光焊接部位或重新制作绳头
提升机带不动悬吊平台	电源电压过低	暂停作业
	传动装置损坏	检修或更换提升机
	制动器未打开或未完全打开	调整间距，并检查制器能否正常吸合
	压绳机构杠杆变形	校直杠杆或更换
电机噪声大或发热异常	缺相运行	查明原因，正确接线
	电源电压过低或过高	暂停作业
	轴承损坏	更换轴承
悬吊平台升至屋顶时无法下行	两套悬挂机构间距太小，使安全锁起作用	调整悬挂机构间距
工作钢丝绳异常磨损	压绳机构磨损	更换压绳机构
	导绳轮磨损、损坏	更换导绳轮
离心式安全锁离心机构不动作	离心弹簧过紧，绳轮弹簧压紧不够，异物堆积	更换离心式弹簧、绳轮弹簧，清除异物，并重新标定
安全锁锁绳时打滑或锁绳角度偏大	安全钢丝绳上有油污	清除油污或更换钢丝绳
	夹绳轮磨损	更换夹绳轮
	安全锁动作迟缓	更换安全锁弹簧
	两套悬挂机构间距过大	调整悬挂机构间距
悬吊平台手动滑降失速	电机端离心限速器失效	更换离心限速器

6.1.2 紧急情况处置

在施工过程中有时会遇到一些紧急情况，此时操作人员首先要镇静，然后采取合理有效的应急措施，果断化解或排除险情，切莫惊慌失措，束手无策，延误排险时机，造成不必要的损失。

（1）作业中突然断电

作业中突然断电时，应立即断开电气箱的电源总开关，切断电源，防止突然来电时发生意外。然后与有关人员联络，判明断电原因，决定是否返回地面。若短时间停电，待接到来电通知后，闭合电源总开关，经检查正常后再开始工作。若长时间停电或因本设备故障断电，应及时采用手动方式使悬吊平台平稳滑降至地面。严禁通过附近窗口离开高处作业吊篮，以防不慎坠落造成人身伤害。

（2）悬吊平台升降过程中无法停止

正常情况下，按住上升或下降按钮，悬吊平台向上或向下运行，松开按钮便停止运行。当出现松开按钮，悬吊平台无法停止运行时，应立即按下电气控制箱或按钮盒上的红色急停按钮，使悬吊平台紧急停止，并断开电源总开关，切断电源。然后手动滑降使悬吊平台平稳降落地面，通知专业维修人员排除电气故障后，再进行作业。

（3）悬吊平台倾斜角度过大

在作业过程中，当悬吊平台倾斜角度过大时，应及时停止运行，将电气控制箱上的转换开关转向悬吊平台单机运行挡，然后按上升或下降按钮直至悬吊平台接近水平状态为止。再将转换开关转向双机运行挡，继续进行作业。

如果在上升或下降的单向全程运行中，悬吊平台出现两次以上倾斜角度过大时，应及时将悬吊平台降至地面，检查并调整两端提升机的电磁制动器间隙，然后再检测两端提升机的同步性能。若差异过大，应更换提升机。

(4) 工作钢丝绳突然卡在提升机内

钢丝绳松股、局部凸起变形或粘结涂料、水泥、胶状物时，均会造成钢丝绳卡在提升机内的严重故障。

当发生钢丝绳突然卡在提升机内时，应立即停机。平台内操作人员应保持冷静，在确保安全的前提下撤离悬吊平台，由专业维修人员进入悬吊平台内排除故障。应先将故障端的安全钢丝绳缠绕在提升机安装架上，用绳夹固定，使之承受此端悬吊荷载，然后在悬挂机构相应位置重新安装一根钢丝绳，在提升机安装架上安装一台提升机置换故障提升机。再将该端悬吊平台提升0.5m左右停止不动，取下安全钢丝绳的绳夹，使其恢复到悬垂位置，将平台升至顶部，取下故障钢丝绳，再降至地面，将故障提升机解体取出卡在内部的钢丝绳。

当发生钢丝绳突然卡在提升机内时，严禁用反复升、降方法来强行排除故障。否则，这种方法会造成提升机损坏，甚至切断钢丝绳，造成悬吊平台坠落。

(5) 一端工作钢丝绳破断，安全锁锁住安全绳

当一端工作钢丝绳由于意外破断，悬吊平台倾斜，安全锁锁住安全钢丝绳上时，可采取“工作钢丝绳突然卡在提升机内”的处置方法排除故障。在排除故障过程中，必须避免安全锁受到过大冲击和干扰，以防安全锁失效造成平台坠落。

6.2 高处作业吊篮事故案例分析

6.2.1 漏装连接销轴致使吊篮坠落事故

(1) 事故经过

2000 年 6 月 18 日，在某外墙维修工程施工现场，某设备租赁单位田某指导吊篮使用单位 9 名作业人员安装吊篮，在安装过程中，漏装悬挂机构左侧挑梁的后插杆与后导向支架的连接销。在未经检查验收的情况下，租赁单位的杜某就先做试运行，然后使用单位的 2 名作业人员就上机开始学习操作，当吊篮运行至第 6 层时，安装在第 9 层屋面上悬挂机构左侧挑梁的后插杆从后导向支架中拔出，在冲击荷载作用下，悬吊平台右侧提升机安装架被撕裂，导致悬挂机构左侧挑梁连同悬吊平台一同坠落至一层裙房楼顶的冷却塔上，造成 2 人死亡。

(2) 事故原因

1) 悬挂机构左侧挑梁的后插杆连接销轴未安装，导致挑梁从导向支柱中拔出后坠落。

2) 安装完毕后未经检查验收就投入使用。

3) 吊篮操作人员未按规定使用安全带和独立安全绳。

6.2.2 工作钢丝绳绳端脱落事故

(1) 事故经过

2004 年 9 月 11 日，某施工现场 3 名作业人员在高处作业吊篮内进行外墙大理石干挂作业。8：20 左右，吊篮一侧的提升钢丝绳突然从绳夹中抽出，造成3名作业人员同悬吊平台从高7m处倾斜坠地；吊篮坠地的同时，在楼内进行室内装修作业的瓦工娄某未戴安全帽从楼内出来，恰好路经吊篮下方，不慎被吊篮砸伤头部。4人被立即被送到医院抢救，娄某经抢救无效死亡。

（2）事故原因

1）吊篮工作钢丝绳绳端固定不牢，致使钢丝绳从绳夹中脱出，导致吊篮一端倾斜。

2）吊篮安全锁失效，未能及时锁住安全绳。

3）瓦工娄某安全意识不强，从楼内出来时，未按规定走安全通道，又违章不戴安全帽，不慎被下坠的吊篮砸到头部受伤致死。

6.2.3 提升机失修失保造成悬吊平台坠落事故

（1）事故经过

2005年10月12日，某玻璃幕墙框装修施工现场，4名作业人员使用吊篮安装第27层玻璃幕墙框作业。3名作业人员由底层进入悬吊平台，当吊篮上升至四楼时，1人由窗口跨入悬吊平台（1人位于悬吊平台左侧，3人位于悬吊平台右侧），悬吊平台突然发生严重倾斜，水平面倾角接近80°，致使3人从悬吊平台内坠落地面，当场死亡；1人因安全带挂在悬吊平台上，悬挂在空中，后经抢救脱险。

（2）事故原因

1）由于提升机缺乏维修保养，造成提升机减速箱中机械润滑油缺乏，在悬吊平台上升过程中，右侧提升机中减速箱蜗轮突然断裂，传动系统失效，使提升机与工作钢丝绳脱节。

2）安全锁超过标定期，长时间缺乏维护，安全锁功能失效，未能有效阻止悬吊平台的下滑。

3）4 名作业人员均未按要求正确系好安全带，使用安全绳。其中 1 人虽佩带安全带，但将安全带系在了平台栏杆上，并没有按规定系挂在安全绳上；两人佩带安全带，但未将安全带系在任何位置上；另外 1 人根本没有佩带安全带。

4）作业人员违章从窗口跨入悬吊平台内，造成偏载。

6.2.4 吊篮斜拉使用事故

（1）事故经过

2002 年 10 月 17 日，某施工现场 3 名作业人员在悬吊平台内安装第 19 层、第 20 层幕墙玻璃，由于悬吊平台的中心位置距玻璃的中心位置相差 3m，于是采取了斜拉悬吊平台进行安装作业，此时吊篮的悬挂机构突然失稳，导致 3 名作业人员同悬吊平台坠落地面，造成 3 人死亡。

（2）事故原因

1）作业人员违章斜拉悬吊平台致使悬挂机构晃动，固定不牢的配重块脱落，导致悬挂机构平衡力矩减小，失稳坠落。

2）配重块没有可靠的固定措施。

3）悬挂机构安装不符合产品使用说明书要求，使用前又未进行检查验收；

4）作业人员未按规定悬挂安全绳，系好安全带。

6.2.5 违章跨越事故

（1）事故经过

2005 年 11 月 4 日，某外墙工程施工现场，作业人员张某在位于第 12 层的悬吊平台上用砂纸打磨墙面。约 8：00 时许，张某违章从悬吊平台向第 12 层阳台跨越，不慎坠落至 5 层天台死亡。

（2）事故原因

作业人员违章从窗口跨入悬吊平台内。按规定悬吊平台落地后，作业人员才能上下悬吊平台。

6.2.6 违规安装事故

（1）事故经过

2005年12月12日，某施工现场，4名作业人员使用高处作业吊篮对工程北外墙进行喷塑作业时，当悬吊平台由第11层向上提升过程中，因吊篮悬挂机构前支架位移而脱离狭小的工作搁置平台，导致悬吊平台向一侧倾覆并坠落，造成4名未佩戴任何安全防护用品的作业人员从悬吊平台中被甩出坠落至地面，3人当场死亡，1人重伤。

（2）事故原因

1）未按产品说明书的要求安装高处作业吊篮，两悬挂机构水平距离和配重数量均不符合产品说明书的规定。

2）由于吊篮悬挂机构的水平间距过大，当悬吊平台升降时悬挂机构受到了水平的拉力，导致其失稳倾斜。

3）由于配重块不足且无固定，加之悬挂机构搁置平台狭小且不平整，降低了悬挂机构的抗倾覆力矩导致其倾覆坠落。

4）作业人员缺乏安全常识，未按要求佩带安全带、系挂安全绳。

附录 1

起重机用钢丝绳检验和报废实用规范

（GB/T 5972—2006/ISO 4309：1990）

1 范围

本标准规定了钢丝绳检验和报废的一般原则。本标准适用于下列起重机：

a）缆索及门式缆索起重机；

b）悬臂起重机（柱式，壁上或自行车式）；

c）甲板起重机；

d）桅杆及牵索式桅杆起重机；

e）斜撑式桅杆起重机；

f）浮式起重机；

g）流动式起重机；

h）桥式起重机；

i）门式或半门式起重机；

j）门座或半门座起重机；

k）铁路起重机；

l）塔式起重机。

这些起重机可用吊钩、抓斗、电磁盘、料桶、铲斗、集装箱专用吊具、堆垛叉等作业，并可以手动、机动、电动或液压操纵。

本标准也适用于钢丝绳电动葫芦。

本标准所涉及的起重机词汇可参照 ISO 4306-1①。

本标准所涉及到的机构分级可参照 ISO 4301-1②。

2 术语和定义

下列术语和定义适用于本标准。

2.1 钢丝绳绳芯 core of a rope

支撑钢丝绳外部绳股的部分。在 6 股钢丝绳和 8 股钢丝绳的结构中绳芯可用一根天然或人造纤维绳、一根钢丝绳股或若干根钢丝绳股（呈螺旋形拧成单根且较细的钢丝绳）制成。

2.2 卷筒上换层部分钢丝绳 cross-over of a rope on a drum

由于卷筒槽型或底层钢丝绳外形的作用，钢丝绳由一圈绕到另一圈而改变其正常轨迹的绳段。

2.3 钢丝绳的检验记录 rope examination record

由起重设备用户作的记录，附录 B 给出了其典型示例。

2.4 间隙 gap

存在于绳股中的各钢丝之间或钢丝绳中同层的各绳股之间的间隙。

2.5 接触点 gusset

各绳股之间接触的部分，接触部位的钢丝可能因无绳股间隙而出现断裂。

2.6 卷筒上钢丝绳的多层缠绕 laps of rope on a drum

钢丝绳在卷筒上连续缠绕形成了多个层面（此多层缠绕应为螺旋型或平行型，后者指钢丝绳由一层绕至另一层的缠绕型式与卷筒上钢丝绳在其固定处的缠绕型式一致）。

---

① ISO 4306-1《起重机　术语　第 1 部分：通用术语》未等同转化为我国标准。相关的起重机词汇可参照 GB/T 6974.1～6974.19《起重机械名词术语》。

② ISO 4301-1《起重机和起重机械　分类　第 1 部分：总则》未等同转化为我国标准。相关的起重机机构工作级别的分级可参照 GB/T 3811《起重机设计规范》。

2.7 同向捻 langs lay

钢丝绳中绳股的捻向与其外层钢丝的捻向相同。

2.8 捻距 lay length

由各股形成的螺距。

2.9 多层股绳 multi-strand rope

由若干层绳股缠绕成的钢丝绳，如果一层或多层绳股缠绕方向与外部绳股的方向相反，则可减小钢丝绳的旋转特性；如果所有绳股缠绕方向相同，则无此优点。

2.10 交互捻 ordinary lay

钢丝绳中绳股的捻向与其外层钢丝的捻向相反。

2.11 卷盘 reel

用于运输包装时，缠绕钢丝绳的可转动件，可为木制或钢结构，根据缠绕的钢丝绳的质量而定。

2.12 钢丝绳实际直径 actual rope diameter

钢丝绳外接圆的直径，单位：毫米。

2.13 钢丝绳公称直径 rope nominal diameter

钢丝绳直径的标称值，单位：毫米。

2.14 抗扭钢丝绳 rotation-resistant rope

呈螺旋形缠绕的、外层有 8 根以上（包括 8 根）绳股、且外层绳股与内层绳股的缠绕方向相反的钢丝绳。

3 钢丝绳

3.1 安装前的状况

用户应保证钢丝绳状况符合本标准规定。

新更换的钢丝绳应与原安装的钢丝绳同类型、同规格。当采用不同类型的钢丝绳，用户应保证新钢丝绳不低于原选钢丝绳的性能，并与卷筒和滑轮上的槽形相适应。

当起重机上的钢丝绳系由较长的绳上切下时，为防止其松散，应对切断处进行处理。

在重新安装钢丝绳装置之前，应检查卷筒和滑轮上的所有绳槽，确保其完全适合更换的钢丝绳（见本附录第5章）。

3.2 安装

从卷盘或卷筒上抽出钢丝绳时，应采取措施防止钢丝绳打环、扭结、弯折或粘上杂物。

若空载钢丝绳与机械的某个部位发生摩擦，应对所接触到的部位加以适当防护。

在钢丝绳投入使用之前，用户应确保与钢丝绳有关的各种装置安装就绪并运转正常。

为使钢丝绳稳定就位，应使用大约10%的额定载荷对起重机进行若干次运转操作。

3.3 维护保养

钢丝绳的维护保养应根据起重机的用途、工作环境和钢丝绳的种类而定。在可能的情况下，应对钢丝绳进行适时清洗并涂以润滑油或润滑脂（起重机制造厂或钢丝绳制造厂另有说明者除外），特别是那些绕过滑轮时经受弯曲的绳段。

涂刷的润滑油、润滑脂品种应与钢丝绳厂使用的品种一致。

缺乏维护将导致钢丝绳寿命缩短，当起重机在腐蚀性环境中或在某些不能进行维护的特定场合下工作时，情况更是如此。

3.4 检验

3.4.1 周期

3.4.1.1 日常观察

每个工作日都应尽可能对钢丝绳的所有可见部位进行观察，以便发现损坏与变形的情况，应特别注意钢丝绳在设备上的固定部位，发现有任何明显变化时，应予报告并由主管人员按照本附录3.4.2的要求进行检验。

3.4.1.2 由主管人员作定期检验（按本附录3.4.2的要求）

为了确定检验周期需要考虑以下各点：

a）国家对该起重机的法规要求；

b）起重机的类型及工作环境；

c）起重机的工作级别；

d）前几次检验的结果；

e）钢丝绳使用的时间。

3.4.1.3　按本附录3.4.2的规定进行的专项检验

3.4.1.3.1　在钢丝绳和（或）其固定端的损坏而引发事故的情况下或钢丝绳经拆卸又重新安装投入使用前，均应对钢丝绳进行一次检查。

3.4.1.3.2　起升装置停止工作3个月以上，在重新使用之前，应检查钢丝绳。

3.4.1.4　单独使用或部分在合成材料、金属材料或镶嵌有合成材料轮衬的滑轮上使用的钢丝绳，当其外层发现有明显的断丝或磨损痕迹时，其内部可能早已产生了大量的断丝。因此，应根据已往的钢丝绳使用记录制定钢丝绳专项检查进度表，其中既要考虑使用中的常规检查，又要考虑钢丝绳的详细检验记录。

对润滑剂已发干或变质的局部绳段应特别注意保养。对于专用起重设备的钢丝绳报废标准，应以起重设备制造厂和钢丝绳制造厂之间交换的资料为准。

3.4.2　**检验部位**

3.4.2.1　**一般部位**

虽然对钢丝绳应作全长检验，但应特别注意下列部位：

——在运动绳和固定绳的始末端；

——通过滑轮组或绕过滑轮的绳段；在机构进行重复作业的情况下，应特别注意机构吊载期间绕过滑轮的任何部位，见本附录的附录A；

——位于定滑轮的绳段；

——由于外部因素（例如舱口栏板）可能引起磨损的绳段；

——磨蚀及疲劳的内部检验，见本附录的附录 D；

——处于热环境绳段。

检验结果应记录在设备检验记录本上（典型示例见本附录的第 6 章和本附录的附录 B）。

3.4.2.2　**绳端部位**（索具除外）

应对从固接端引出的钢丝绳段进行检验，因为这个部位发生疲劳（断丝）和腐蚀是危险的。还应对固定装置本身的变形或磨损进行检验。

对于采用压制或锻造绳箍的绳端固定装置应进行类似的检验，并检验绳箍材料是否有裂纹以及绳箍与钢丝绳间是否有滑动的可能。

可拆卸的装置（楔形接头、绳夹、压板等）应检验其内部绳段和绳端内的断丝情况，并确保楔形接头和钢丝绳夹的紧固性，检验内容还包括绳端装置是否完全符合相关标准和操作规程的要求。

对编织的环状插扣式绳头应只使用在接头的尾部，以防绳端突出的钢丝伤手。而接头的其余部位应随时用肉眼检查其断丝情况。

如果断丝明显发生在绳端装置附近或绳端装置内，可将钢丝绳截短再重新装到绳端固定装置上使用，并且钢丝绳的长度必须满足在卷筒上缠绕的最少圈数的要求。

3.5　**报废标准**

钢丝绳使用的安全程度由下列项目判定（见本附录 3.5.1～3.5.11）：

a）断丝的性质和数量；

b）绳端断丝；

c）断丝的局部聚集；

d）断丝的增加率；

e）绳股断裂；

f）绳径减小，包括绳芯损坏所致的情况；

g）弹性降低；

h）外部磨损；

i）外部及内部腐蚀；

j）变形；

k）由于受热或电弧的作用而引起的损坏；

l）永久伸长的增加率。

所有的检验均应考虑以上各项因素和其中主要因素。但钢丝绳的损坏往往是由多种因素综合累积造成的，主管人员应判断原因并决定钢丝绳是报废还是继续使用。

对于钢丝绳的损坏，检验人员首先应弄清其是否由机构上的缺陷所致，如果是这样，应在更换钢丝绳之前消除该缺陷。

3.5.1　断丝的性质和数量

起重机的总体设计不允许钢丝绳有无限长的寿命。

对于6股和8股的钢丝绳，断丝主要发生在外表。而对于多层股的钢丝绳（典型的多股结构）断丝大多发生在内部，因而是“不可见的”断裂。

因此，附表1-1和附表1-2是对本附录3.5.2～3.5.11中的各种情况进行综合考虑后的断丝控制标准，它适用于各种结构的钢丝绳。

当制定抗扭钢丝绳的报废标准时，应考虑钢丝绳的结构、工作时间及其使用方式。钢制滑轮上工作的抗扭钢丝绳中断丝根数的控制标准见附表1-2的规定。

对出现润滑油已发干或变质现象的局部绳段应予以特别注意。

钢制滑轮上工作的圆股钢丝绳中断丝根数的控制标准 **附表 1-1**

外层绳股承载钢丝数[a] n	钢丝绳典型结构示例[b]（GB 8918—2006 GB/T 20118—2006）[e]	起重机用钢丝绳必须报废时与疲劳有关的可见断丝数[c]							
		机构工作级别							
		M1、M2、M3、M4				M5、M6、M7、M8			
		交互捻		同向捻		交互捻		同向捻	
		长度范围[d]				长度范围[d]			
		≤6d	≤30d	≤6d	≤30d	≤6d	≤30d	≤6d	≤30d
≤50	6×7	2	4	1	2	4	8	2	4
51≤n≤75	6×19S*	3	6	2	3	6	12	3	6
76≤n≤100		4	8	2	4	8	16	4	8
101≤n≤120	8×19S* 6×25Fi*	5	10	2	5	10	19	5	10
121≤n≤140		6	11	3	6	11	22	6	11
141≤n≤160	8×25Fi	6	13	3	6	13	26	6	13
161≤n≤180	6×36WS*	7	14	4	7	14	29	7	14
181≤n≤200		8	16	4	8	16	32	8	16
201≤n≤220	6×41WS*	9	18	4	9	18	38	9	18
221≤n≤240	6×37	10	19	5	10	19	38	10	19
241≤n≤260		10	21	5	10	21	42	10	21
261≤n≤280		11	22	6	11	22	45	11	22
281≤n≤300		12	24	6	12	24	48	12	24
300<n[b]		0.04n	0.08n	0.02n	0.04n	0.08n	0.16n	0.04n	0.08n

a. 填充钢丝不是承载钢丝，因此检验中要予以扣除。多层绳股钢丝绳仅考虑可见的外层，带钢芯的钢丝绳，其绳芯作为内部绳股对待，不予考虑。

b. 统计绳中的可见断丝数时，圆整至整数值。对外层绳股的钢丝直径大于标准直径的特定结构的钢丝绳，在表中做降低等级处理，并以 * 号表示。

c. 一根断丝可能有两处可见端。

d. d 为钢丝绳公称直径。

e. 钢丝绳典型结构与国际标准的钢丝绳典型结构是一致的。

3.5.2 绳端断丝

当绳端或其附近出现断丝时，即使数量很少也表明该部位应力很大，可能是由于绳端安装不正确造成的，应查明损坏原因。如果绳长允许，应将断丝的部位切去重新安装。

3.5.3 断丝的局部聚集

如果断丝紧靠一起形成局部聚集，则钢丝绳应报废。如这种断丝聚集在小于 $6d$ 的绳长范围内，或者集中在任一支绳股里，那么，即使断丝数比附表 1-1 或附表 1-2 列的数值少，钢丝绳也应予以报废。

3.5.4 断丝的增加率

在某些使用场合，疲劳是引起钢丝绳损坏的主要原因，断丝则是在使用一个时期以后才开始出现。当断丝数逐渐增加，其时间间隔越来越短时，为了判定断丝的增加率，应仔细检验并记录断丝增加情况。

利用这个“规律”可用来确定钢丝绳未来报废的日期。

3.5.5 绳股断裂

如果出现整根绳股的断裂，钢丝绳应予以报废（附表 1-2）。

钢制滑轮上工作的抗扭钢丝绳中断丝根数的控制标准　　附表 1-2

达到报废标准的起重机用钢丝绳与疲劳有关的可见断丝数[a]			
机构工作级别 M1、M2、M3、M4		机构工作级别 M5、M6、M7、M8	
长度范围[b]		长度范围[b]	
$\leqslant 6d$	$\leqslant 30d$	$\leqslant 6d$	$\leqslant 30d$
2	4	4	8

a. 一根断丝可能有两处可见端。

b. d 为钢丝绳公称直径。

3.5.6 由于绳芯损坏而引起的绳径减小

绳芯损坏导致绳径减小可由下列原因引起：

a）内部磨损和压痕；

b）由钢丝绳中各绳股和钢丝之间的摩擦引起的内部磨损，尤其当钢丝绳经受弯曲时更是如此；

c）纤维绳芯的损坏；

d）钢丝芯的断裂；

e）多层股结构中内部股的断裂。

如果这些因素引起钢丝绳实测直径（互相垂直的两个直径测量的平均值）相对公称直径减小 3%（对于抗扭钢丝绳而言）或减少 10%（对于其他钢丝绳而言），则即使未发现断丝该钢丝绳也应予以报废。

注：新钢丝绳的实际直径可能大于公称直径，允许的磨损量将因此而相应增大。

微小的损坏，特别是当所有各绳股中应力处于良好平衡时，用通常的检验方法可能是不明显的。然而这种情况会引起钢丝绳的强度大大降低。所以，有任何内部细微损坏的迹象时，均应对钢丝绳内部进行检验。一经证实损坏，则该钢丝绳就应报废（见本附录的附录 D）。

3.5.7 外部磨损

钢丝绳外层绳股的钢丝表面的磨损，是由于它在压力作用下与滑轮或卷筒的绳槽接触摩擦造成的。这种现象在吊载加速或减速运动时，在钢丝绳与滑轮接触的部位特别明显，并表现为外部钢丝磨成平面状。

润滑不足或不正确的润滑以及存在灰尘和砂粒都会加剧磨损。

磨损使钢丝绳的断面积减小而强度降低。当钢丝绳直径相对于公称直径减小 7%或更多时，即使未发现断丝，该钢丝绳也应报废。

3.5.8 弹性降低

在某些情况下（通常与工作环境有关），钢丝绳的弹性会显著降低，继续使用是不安全的。

钢丝绳的弹性降低较难发现，如检验人员有任何怀疑，应征询钢丝绳专家的意见。弹性降低通常伴随下述现象：

a）绳径减小；

b）钢丝绳捻距增大；

c）由于各部分相互压紧，钢丝之间和绳股之间缺少空隙；

d）绳股凹处出现细微的褐色粉末；

e）虽未发现断丝，但钢丝绳明显的不易弯曲和直径减小比起单纯是由于钢丝磨损而引起的减小要严重得多。这种情况会导致在动载作用下钢丝绳突然断裂，故应立即报废。

3.5.9 外部及内部腐蚀

腐蚀在海洋或工业污染的大气中特别容易发生。它不仅使钢丝绳的金属断面减少导致破断强度降低，还将引起表面粗糙、产生裂纹从而加速疲劳。严重的腐蚀还会降低钢丝绳弹性。

3.5.9.1 外部腐蚀

外部钢丝的腐蚀可用肉眼观察。

3.5.9.2 内部腐蚀

内部腐蚀比经常伴随它出现的外部腐蚀较难发现。但下列现象可供参考：

a）钢丝绳直径的变化。钢丝绳在绕过滑轮的弯曲部位直径通常变小。但对于静止段的钢丝绳则常由于外层绳股出现锈蚀而引起钢丝绳直径的增加。

b）钢丝绳外层绳股间的空隙减小，还经常伴随出现外层绳股之间断丝。

如果有任何内部腐蚀的迹象，则应按本附录的附录D的说明由主管人员对钢丝绳进行内部检验。若确认有严重的内部腐蚀，则钢丝绳应立即报废。

3.5.10 **变形**

钢丝绳失去正常形状产生可见的畸形称为“变形”。这种变形会导致钢丝绳内部应力分布不均匀。

钢丝绳的变形从外观上区分，主要可分下述几种：

3.5.10.1 **波浪形**（见本附录的附录 E 中的图 E-8）

波浪形是：钢丝绳的纵向轴线呈螺旋线形状。这种变形不一定导致强度上的损失，但变形严重时会产生跳动造成不规则的传动。时间长了会引起磨损及断丝。

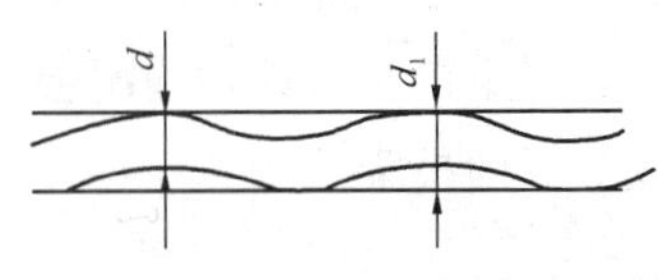

附图 1-1 波浪形钢丝绳

出现波浪形时（见附图 1-1），在钢丝绳长度不超过 $25d$ 的范围内，若 $d_1 \geqslant 4d/3$，则钢丝绳应报废。

式中 d 为钢丝绳的公称直径；d_1 是钢丝绳变形后包络的直径。

3.5.10.2 **笼状畸变**（图 E-9）

这种变形主要出现在具有钢芯的钢丝绳上。当外层绳股发生脱节或者变得比内部绳股长的时候，处于松弛状态的钢丝绳突然受载时就会产生这种变形。笼状畸变的钢丝绳应立即报废。

3.5.10.3 **绳股挤出**（图 E-10）

这种状况通常伴随笼状畸变一起产生。绳股挤出使钢丝绳处于失衡状态。绳股挤出的钢丝绳应立即报废。

3.5.10.4 **钢丝挤出**（图 E-11 和图 E-12）

这种变形是一部分钢丝或钢丝束在钢丝绳背对着滑轮槽的一侧拱起形成环状。这种变形常由冲击载荷引起。若此种变形严重，则钢丝绳应立即报废。

3.5.10.5 **绳径局部增大**（图 E-13 和图 E-14）

钢丝绳直径有可能发生局部增大，并能波及相当长的一段钢丝绳。绳径增大通常与绳芯畸变有关（如在特殊环境中，纤维芯因受潮而膨胀），其结果是外层绳股受力不均匀，而造成绳股错位。

绳径局部严重增大的钢丝绳应报废。

3.5.10.6　**绳径局部减小**（图 E-17）

钢丝绳直径的局部减小常常与绳芯的断裂有关。应特别仔细检查靠绳端部位有无此种变形。绳径局部严重减小的钢丝绳应报废。

3.5.10.7　**部分被压扁**（图 E-18 和图 E-19）

钢丝绳部分被压扁是由于机械事故造成的。严重时钢丝绳应报废。

3.5.10.8　**扭结**（图 E-15 和图 E-16）

扭结是由于钢丝绳成环状在不可能绕其轴线转动的情况下被拉紧而造成的一种变形。其结果是出现捻距不均而引起过度磨损，严重时钢丝绳将产生扭曲，以致仅存极小强度。

严重扭结的钢丝绳应立即报废。

3.5.10.9　**弯折**（图 E-20）

弯折是钢丝绳由外界因素引起的角度变形。

这种变形的钢丝绳应立即报废。

3.5.11　**由于受热或电弧的作用而引起的损坏**

钢丝绳经受特殊热力作用其外表出现颜色变化时应报废。

4　钢丝绳的使用情况记录

由检验人员作的准确记录，可为了解起重机上钢丝绳的使用情况提供参考。这些资料在调整维修程序以及调控备用钢丝绳的库存方面都是有用的。但不能因此放松检验或超出本标准条款的规定延长钢丝绳的使用期限。

5　与钢丝绳有关的设备情况

缠绕钢丝绳的卷筒和滑轮应定期检查，确保这些部件运转正常。

不灵活或被卡住的滑轮或转动件急剧且不均匀的磨损，导致其配用的钢丝绳严重磨损。失效的平衡轮能使绕过的钢丝绳受载不均衡。

所有滑轮槽底半径应与绳的公称直径相匹配。若槽底半径变得太大或太小，则应重新车削绳槽或更换滑轮。

6　钢丝绳检验记录

每次定期检验，用户应备有一个记录本，记载每次对钢丝绳检验的情况，检验记录的典型示例见本附录的附录 B。

7　钢丝绳的储存和鉴别

备用钢丝绳应储存在清洁、干燥的仓库内，并提供检验记录和鉴别的方法，以防止其损坏。

附　录　A

（资料性附录）

钢丝绳可能出现缺陷的部位的示意图及说明

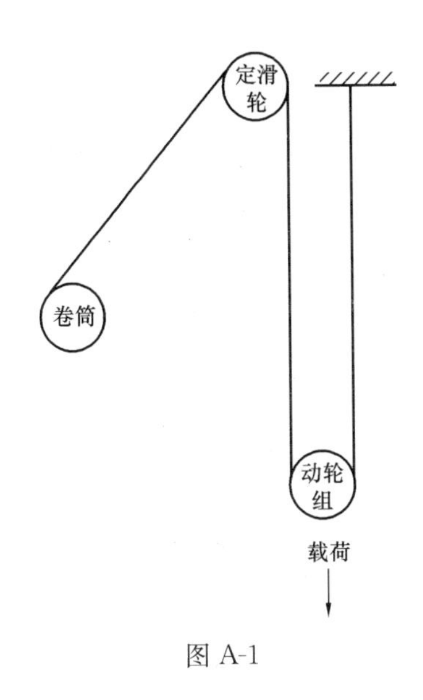

图 A-1

A.1　卷筒部位

A.1.1　检查钢丝绳在卷筒上的终端部位。

A.1.2　检查因卷绕不当引起的钢丝绳变形（压扁）及磨损，在钢丝绳升层处可能更严重。

A.1.3　检查断丝。

A.1.4　检查腐蚀情况。

A.1.5　查看由突然加载所引起的变形。

A.2　定滑轮及固定点部位

A.2.1　检查绕过定滑轮或靠近定滑轮绳段的断丝与磨损。

A.2.2 检查固定点处钢丝绳的断丝与腐蚀。

A.2.3 查看变形情况。

A.2.4 检查绳径。

A.3 动滑轮部位

A.3.1 仔细检查通过动滑轮的绳段，特别是当设备承载时位于滑轮区间的绳段。

A.3.2 检查断丝与表面磨损。

A.3.3 检查腐蚀情况。

附　录　B
（资料性附录）
检验记录的典型示例

检验记录表　　　　　　**表 B-1**

<table>
<tr><td colspan="4">钢丝绳数据表</td><td colspan="3">机构、用途</td></tr>
<tr><td colspan="4">结构：
钢丝绳捻向：右旋/左旋[a]
捻制种类：交互捻/同向捻[a]
公称直径：
抗拉强度级别：
质量：不镀锌的/镀锌的[a]
绳芯类型：钢的/天然或合成织物的/混合的[a]
使用前状态：
绳长：
绳端固定形式：</td><td colspan="3">安装日期：

报废日期：

最小破断载荷：

工作载荷：

实测直径：
实测时承受的载荷：</td></tr>
<tr><td>可见断丝数</td><td>外部钢丝的磨损</td><td>锈蚀</td><td>绳径减小</td><td rowspan="2">测量位置</td><td>总的评价</td><td>损坏和变形</td></tr>
<tr><td>$6d$ 长度内</td><td>损伤程度[b]</td><td>损伤程度[b]</td><td>%</td><td>损伤程度[b]</td><td>特征</td></tr>
<tr><td></td><td></td><td></td><td></td><td></td><td></td><td></td></tr>
<tr><td></td><td></td><td></td><td></td><td></td><td></td><td></td></tr>
<tr><td></td><td></td><td></td><td></td><td></td><td></td><td></td></tr>
<tr><td></td><td></td><td></td><td></td><td></td><td></td><td></td></tr>
<tr><td></td><td></td><td></td><td></td><td></td><td></td><td></td></tr>
<tr><td></td><td></td><td></td><td></td><td></td><td></td><td></td></tr>
<tr><td></td><td></td><td></td><td></td><td></td><td></td><td></td></tr>
<tr><td colspan="4">日期：</td><td colspan="3">签名：</td></tr>
<tr><td colspan="4">制绳厂：
其他观察结果：</td><td colspan="3">工作时数：
报废原因：</td></tr>
<tr><td colspan="7">a　标出可应用的部分。
b　该栏中应记述：轻度，中度，重度，极重，报废。</td></tr>
</table>

附　录　C

（资料性附录）

钢丝绳检验频度

C.1　范围

本附录推荐钢丝绳检验频度的准则。

C.2　日常观察

只要有可能和看得见，在每个工作日对钢丝绳均应做检验，以便发现一般性损伤与变形。特别应注意钢丝绳在起重机上的固接部位。

C.3　定期检验

为确定检验频度，须考虑下列各点：

——国家对该起重机的法规要求；

——起重机械类型及其工作环境；

——起重机的工作级别；

——前几次检验的结果。

在任一事故之后，以及钢丝绳重新装上投入使用时，均应进行一次检验。

C.3.1　一般建筑工地的起重机

流动式起重机和塔式起重机：每星期至少应检验一次。

C.3.2　对需较长期工作的起重机上使用的钢丝绳，定期检验至少应每月进行一次。

注：当出现损伤时，为慎重起见，应缩短检验的时间间隔。

附　录　D
（资料性附录）
钢丝绳内部检验

对钢丝绳的使用和报废情况的检验表明，内部损伤是许多钢丝绳失效的首要原因，主要由于腐蚀和正常的疲劳发展所造成。通常的外部检验可能发现不了内部损坏的程度，甚至到了迫近断裂的危险地步也是如此。

内部检验要由主管人员进行。

D.1　范围

各种股型的钢丝绳均需充分地松开以便对其内部情况作评定。这对粗的钢丝绳是有困难的。然而，起重机上用的大多数钢丝绳，只要张力为零时就能进行内部检验。

D.2　方法

本方法是将两个适当尺寸的夹钳以一定的间隔距离牢固地夹到钢丝绳上，朝着与钢丝绳捻向相反的方向对夹钳施加一个力，外层绳股就会散开并脱离绳芯（图 D-1）。但不要使夹钳绕钢丝绳周围打滑，各绳股的位移也不宜太大。

当钢丝绳略微拧开时，可用一只像改锥大小的探针把妨碍观

图 D-1　对一段连续钢丝绳作内部检验（张力为零）

测钢丝绳内部的润滑脂或碎屑清除掉。

应观测的主要内容是：

——内部润滑状态；

——腐蚀程度；

——由于挤压或磨损引起的钢丝损坏痕迹；

——有无断丝（这些不一定易于发现）。

检验之后，在拧开部位放入一些维修油膏，并以适度的力量转动夹钳使绳股在绳芯周围准确复位。卸掉夹钳之后，钢丝绳外表面通常应涂以润滑脂。

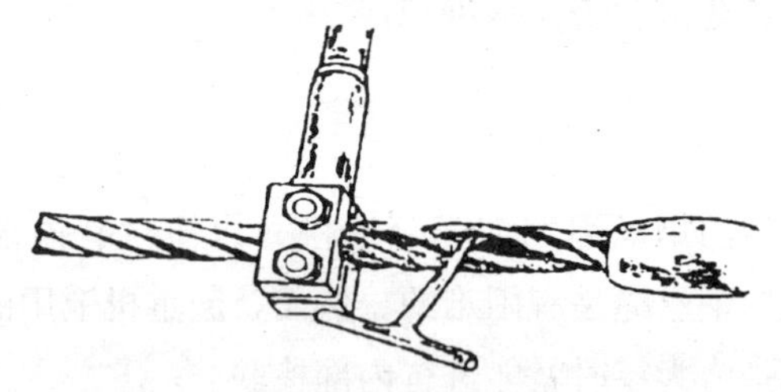

图 D-2　对靠近接头的钢丝绳尾部作内部检验（张力为零）

D.3　邻近绳端的钢丝绳段（图 D-2）

检验这个部位的钢丝绳，只要使用单个夹钳就够了。因用接头锚固系统或用销轴适当地穿过绳端尾部就能保证第二端不动。

D.4　应检验的部位

由于不可能对钢丝绳全长都作内部检验，所以应合理地选择检验的区段。建议在起重机承受载荷时，对卷绕在卷筒上、绕过滑轮或滚动件的钢丝绳与绳槽啮合的绳段进行检验。对在制动时承受冲击力较集中的那些局部区段（即靠近卷筒或臂架头部滑轮），特别是长期暴露在露天的那些区段进行检验。

对靠近绳端的绳段特别是对固定钢丝绳应加以注意，诸如支持绳或悬挂绳。

附　录　E

(资料性附录)

钢丝绳可能出现缺陷的典型示例

注：为了引起重视，许多插图夸张性地显示了损伤状况，像图中示出的这种钢丝绳早就应该报废了。

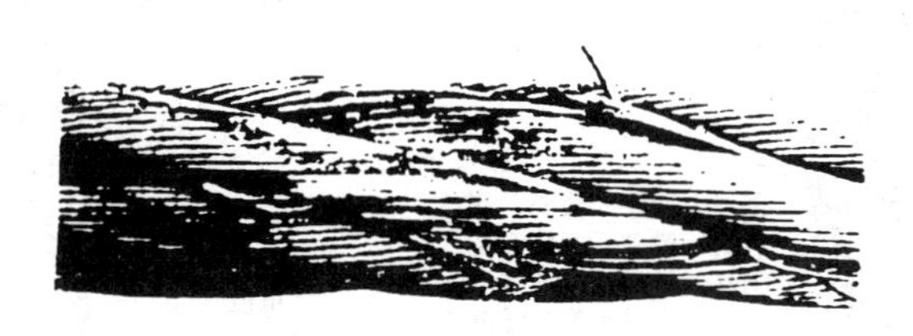

图 E-1　交互捻钢丝绳两相邻绳股中的断丝及钢丝的位移——应报废

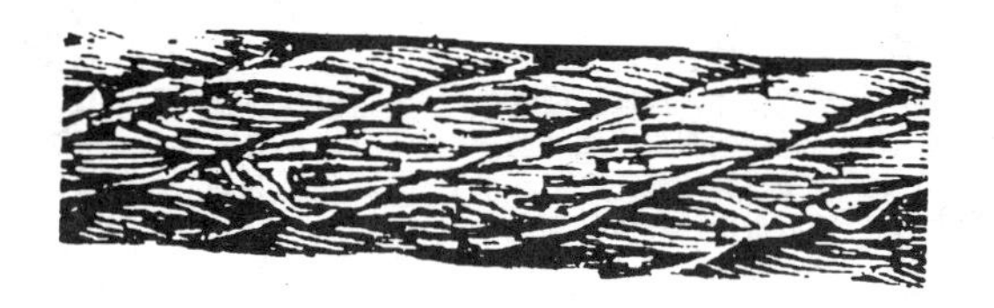

图 E-2　交互捻钢丝绳大量断丝伴随着严重的磨损——应立即报废

图 E-3　同向捻钢丝绳在一股中有断丝，并伴随着轻度的磨损——如果这种情况代表着最严重的缺陷，应继续使用（但断丝应剪去断开端，使钢丝的尾部处在绳股空隙之中，这样就可防止进一步损伤相邻的钢丝）

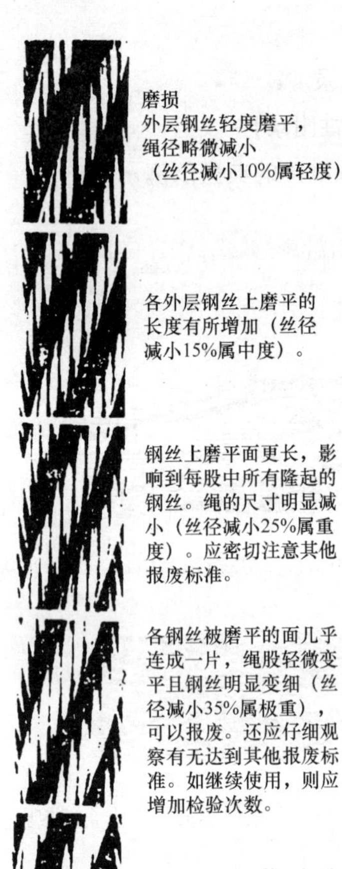

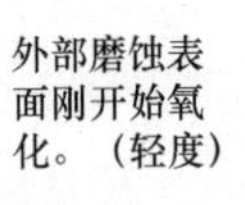

图 E-4　交互捻钢丝绳的磨损和外部腐蚀的发展过程举例

图 E-5　靠近平衡滑轮的局部绳段，若干绳股有断丝

（有时断丝被滑轮挡住）——应报废

图 E-6　靠近平滑滑轮的局部绳段，在两支绳股上有断丝，同时出现因滑轮卡住而引起的局部严重磨损——应报废

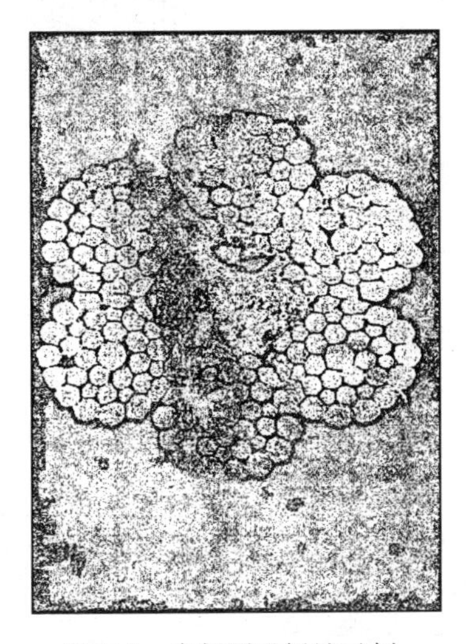

图 E-7　内部严重锈蚀示例：
绳股中许多外层钢丝的面积减小，这些钢丝与绳芯接触，明显地看出挤压严重且绳股的空隙减小——应立即报废

图 E-8　波浪形钢丝绳的纵向轴线呈螺旋状
的一种变形。如果变形超过 3.5.10.1 的规定值，钢丝绳应报废

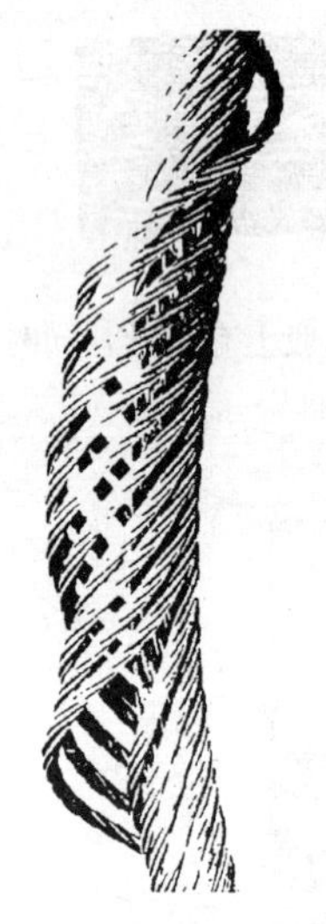

图 E-9　多股绳的笼状（乌笼形）畸变——应立即报废

图 E-10　钢芯挤出，通常伴随着邻近位置的笼状畸变——应立即报废

图 E-11　虽然对某一段长度的钢丝绳所作的检验表明，变形间距（通常为捻距）尚有规律，但仅在一支绳股中有钢丝挤出

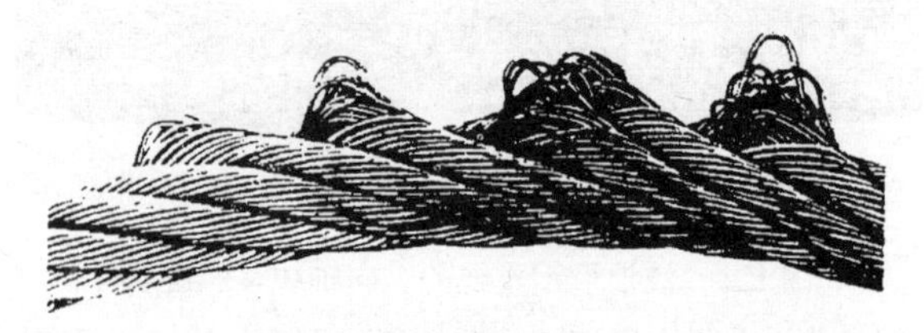

图 E-12　上述缺陷严重恶化——应立即报废（打桩机用起重钢丝绳是一典型）

图 E-13 同向捻钢丝绳直径的局部增大：常由冲击载荷导致的钢芯畸变而引起——应立即报废

图 E-14 钢丝绳直径的局部增大：是由于纤维芯变质在外层股间突出而引起——应报废

图 E-15 严重扭结：钢丝绳搓捻过紧而引起纤维芯的突出——应立即报废

图 E-16　钢丝绳在安装时已遭到扭结但仍装上使用，以致产生局部磨损及钢丝松弛——应报废

图 E-17　绳径局部减小：由于外层绳股取代了已经散开的纤维绳芯而引起，注意尚有断丝——应立即报废

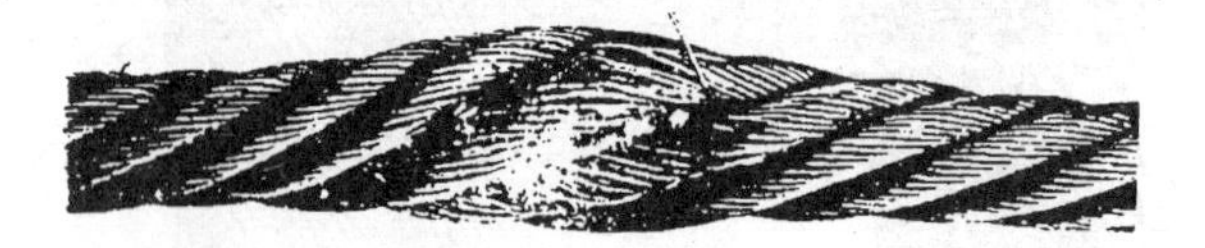

图 E-18　部分被压扁：是由于局部被压裂造成绳股间不平衡加之断丝而引起的——应报废

图 E-19　多股绳的部分被压扁：由于在卷筒上卷绕不当而造成。注意外层绳股的捻距增加的程度，在载荷状态下应力将处于不平衡——应报废

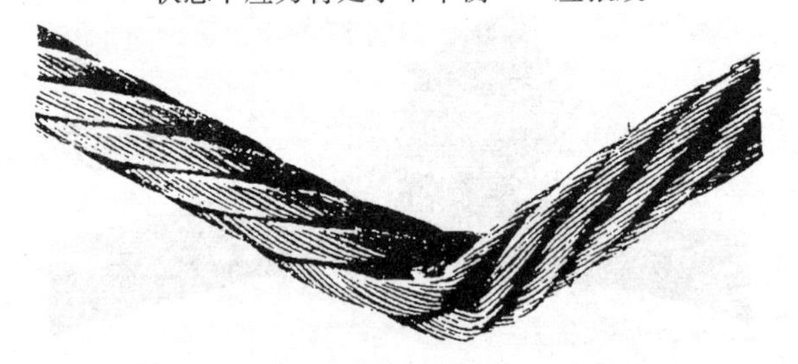

图 E-20　严重弯折之一例——应报废

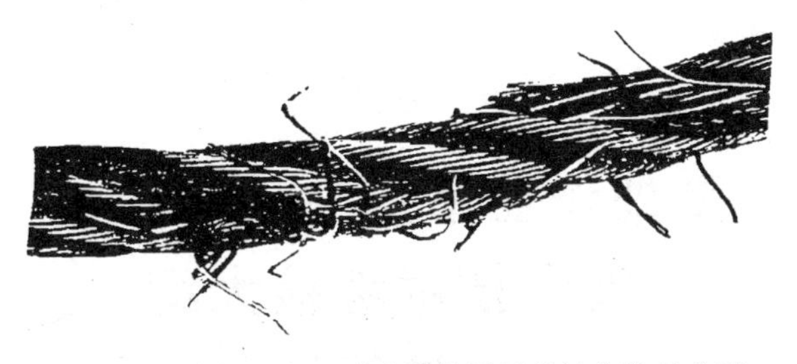

图 E-21　当钢丝绳已跳出滑轮绳槽并被楔住的典型示例：已经形成“部分被压扁”形式的变形并有局部磨损和许多断丝——应立即报废

图 E-22　若干种损坏因素累积的后果：特别注意外层钢丝的严重磨损导致钢丝的松弛，以致笼状畸变正在形成，并有若干处断丝——应立即报废

附录 2

高处作业吊篮安装拆卸工安全技术考核大纲（试行）

1　安全技术理论

1.1　安全生产基本知识

1.1.1　了解建筑安全生产规律法规和规章制度；

1.1.2　熟悉有关特种作业人员的管理制度；

1.1.3　掌握从业人员的权利义务和法律责任；

1.1.4　熟悉高处作业安全知识；

1.1.5　掌握安全防护用品的使用；

1.1.6　熟悉安全标志、安全色的基本知识；

1.1.7　了解施工现场消防知识；

1.1.8　了解现场急救知识；

1.1.9　熟悉施工现场安全用电基本知识。

1.2　专业基础知识

1.2.1　了解力学基本知识；

1.2.2　了解电工基础知识；

1.2.3　了解机械基础知识。

1.3　专业技术理论

1.3.1　了解高处作业吊篮分类及标记方法；

1.3.2　熟悉常用高处作业吊篮的构造特点；

1.3.3 熟悉高处作业吊篮主要性能参数；
1.3.4 熟悉高处作业吊篮提升机的性能、工作原理及调试方法；
1.3.5 掌握高处作业吊篮安全锁、提升机的构造、工作原理；
1.3.6 掌握钢丝绳的性能、承载能力和报废标准；
1.3.7 了解电气控制元器件的分类和功能；
1.3.8 掌握悬挂机构的结构和工作原理；
1.3.9 掌握高处作业吊篮安装、拆卸的安全操作规程；
1.3.10 掌握高处作业吊篮安装自检内容和方法；
1.3.11 熟悉高处作业吊篮的维护保养；
1.3.12 了解高处作业吊篮安装、拆卸事故原因及处置方法。

2 专业基础知识

2.1 熟悉力学基本知识
2.2 了解电工基础知识
2.3 熟悉机械基础知识
2.4 熟悉液压传动知识
2.5 了解钢结构基础知识
2.6 熟悉起重吊装基本知识

附录 3

高处作业吊篮安装拆卸工安全操作技能考核标准（试行）

1 高处作业吊篮的安装与调试

1.1 考核设备和器具

1.1.1 高处作业吊篮 1 套（悬挂机构、提升机、吊篮、安全锁、提升钢丝绳、安全钢丝绳）；

1.1.2 安装工具 1 套、计时器 1 个；

1.1.3 个人安全防护用品。

1.2 考核方法

每 4 名考生一组，在规定时间内完成以下作业。

1.2.1 高处作业吊篮的整机安装；

1.2.2 提升机、安全锁安装调试。

1.3 考核时间

60min，具体可根据实际模拟情况调整。

1.4 考核评分标准

满分 80 分。考核评分标准见附表 3-1，考核得分即为每个人得分，各项目所扣分数总和不得超过该项应得分值。

考核评分标准 **附表 3-1**

<table>
<tr><th>序号</th><th>项目</th><th>扣分标准</th><th>应得分值</th></tr>
<tr><td>1</td><td rowspan="6">整机安装</td><td>钢丝绳绳卡规格、数量不符合要求的，每处扣 2 分</td><td>6</td></tr>
<tr><td>2</td><td>钢丝绳绳卡设置方向错误的，每处扣 2 分</td><td>4</td></tr>
<tr><td>3</td><td>配重安装数量不足的，每缺少一块扣 2 分</td><td>6</td></tr>
<tr><td>4</td><td>配重未固定或固定不牢的，扣 10 分</td><td>10</td></tr>
<tr><td>5</td><td>支架安装螺栓数量不足或松动的，每处扣 2 分</td><td>6</td></tr>
<tr><td>6</td><td>前后支架距离不符合要求的，扣 10 分</td><td>10</td></tr>
<tr><td>7</td><td rowspan="9">提升机、安全锁安装调试与升降操作</td><td>提升机、安全锁安装不正确的，每项扣 3 分</td><td>6</td></tr>
<tr><td>8</td><td rowspan="2">提升（安全）钢丝绳穿绕方式不符合要求的，扣 8 分</td><td rowspan="2">8</td></tr>
<tr><td>9</td></tr>
<tr><td>10</td><td rowspan="2">防倾安全锁防倾功能试验不符合要求的，扣 6 分</td><td rowspan="2">6</td></tr>
<tr><td>11</td></tr>
<tr><td>12</td><td>吊篮升降调试不符合要求的，扣 6 分</td><td>6</td></tr>
<tr><td rowspan="3">13</td><td>吊篮升降操作不符合要求的，扣 6 分</td><td>6</td></tr>
<tr><td>手动下降操作不符合要求的，扣 6 分</td><td>6</td></tr>
<tr><td>合计</td><td>80</td></tr>
</table>

2 零部件判废

2.1 考核器具

2.1.1 高处作业吊篮零部件实物或图示、影像资料（包括达到报废标准和有缺陷的）；

2.1.2 其他器具：计时器 1 个。

2.2 考核方法

从高处作业吊篮零部件实物或图示、影像资料中随机抽取 2 件（张），由考生判断其是否达到报废标准并说明原因。

2.3 考核时间

10min。

2.4 考核评分标准

满分10分。在规定时间内正确判断并说明原因的，每项得5分；判断正确但不能准确说明原因的，每项得3分。

3 紧急情况处理

3.1 考核器具

3.1.1 设置突然停电、制动失灵、工作钢丝绳断裂和卡住等紧急情况或图示、影像资料；

3.1.2 其他器具：计时器1个。

3.2 考核方法

由考生对突然断电、制动失灵、工作钢丝绳断裂和卡住等紧急情况或图示、影像资料中所示的紧急情况进行描述，并口述处置方法。对每个考生设置一种。

3.3 考核时间

10min。

3.4 考核评分标准

满分10分。在规定时间内对存在的问题描述正确并正确叙述处置方法的，得10分；对存在的问题描述正确，但未能正确叙述处置方法的，得5分。

参 考 文 献

杜荣军．建筑施工脚手架实用手册（含垂直运输设施）．北京：中国建筑工业出版社，1994．